U0379046

压力铸造缺陷、问题及对策实例集
ダイカストの鋳造欠陥・不良及び対策事例集

日本铸造工学会压力铸造研究委员会（日本鋳造工学会ダイカストの研究部） 编

中国机械工程学会铸造分会　尹大伟　王桂芹　译

机 械 工 业 出 版 社

本书针对压力铸造的特点，总结归纳出了 8 大类 47 个小类的压力铸造缺陷。书中通过缺陷实例照片与缺陷成分、组织分析等技术资料详细说明了缺陷产生的原因，提出了极具针对性的解决缺陷的对策。同时，书中还通过列举不同压力铸造生产企业针对不同铸件解决压力铸造缺陷的 14 个典型实例，深入具体地阐述了缺陷产生的原因、具体的对策方案及对策实施后的效果。本书前半部分对缺陷的起因和对策阐述简洁明了，后半部分对实例的分析细致详尽，非常便于读者学习和借鉴。

本书可供压力铸造技术人员参考，也可供相关专业的在校师生参考。

ダイカストの铸造欠陥・不良及び对策事例集

编者　社团法人　压力铸造研究委员会

发行者　社团法人　日本铸造工学会

北京市版权局著作权合同登记号　图字：01 – 2018 – 1869 号。

图书在版编目（CIP）数据

压力铸造缺陷、问题及对策实例集/日本铸造工学会压力铸造研究委员会编；尹大伟，王桂芹译 . —北京：机械工业出版社，2019.1（2023.1重印）

ISBN 978-7-111-61510-1

Ⅰ . ①压… 　Ⅱ . ①日… ②尹… ③王… 　Ⅲ . ①压力铸造 – 研究　Ⅳ . ①TG249.2

中国版本图书馆 CIP 数据核字（2018）第 268740 号

机械工业出版社（北京市百万庄大街 22 号　邮政编码 100037）

策划编辑：陈保华　　　　　责任编辑：陈保华　贺　怡

责任校对：佟瑞鑫　李　杉　封面设计：马精明

责任印制：张　博

保定市中画美凯印刷有限公司印刷

2023 年 1 月第 1 版第 2 次印刷

210mm×297mm・9 印张・3 插页・217 千字

标准书号：ISBN 978-7-111-61510-1

定价：98.00 元

凡购本书，如有缺页、倒页、脱页，由本社发行部调换

电话服务　　　　　　　　　网络服务

服务咨询热线：010 – 88361066　机 工 官 网：www.cmpbook.com

读者购书热线：010 – 68326294　机 工 官 博：weibo.com/cmp1952

　　　　　　　010 – 88379203　金 书 网：www.golden – book.com

策 划 编 辑：010 – 88379734　教育服务网：www.cmpedu.com

封面无防伪标均为盗版

中文版序言 1

　　压铸件被广泛应用于汽车、电子、五金、医疗、基础通信、家电、仪器仪表、航空等领域，特别是在汽车产量高速增长和汽车轻量化的大背景下，对压铸件的需求呈现持续高速增长的态势。

　　在压铸件生产中，减少和消除压铸件缺陷，提高压铸件产品质量和成品率，就意味着能够降低由缺陷导致压铸件报废而重复生产所造成的设备、模具、能源、原辅材料和人工等生产成本的额外消耗，意味着生产技术水平的提升和市场竞争力的提高。追求少缺陷和零缺陷，降低生产成本，提高生产效率和经济效益，对压铸行业意义重大。

　　自 2006 年以来，中国铸造学会同日本铸造工学会建立了交流机制，双方交流频繁，定期互派代表团参加对方的铸造年会，并做技术交流报告。2008 年，中国铸造学会完成了由日本铸造工学会出版的《铸造缺陷及其对策》一书中文版的出版和发行，此书受到了中国铸造界专业技术人员的广泛好评，并一再重印。

　　日本铸造工学会压力铸造研究委员会编写了《压力铸造缺陷、问题及对策实例集》日文版，该书是一本面向压铸产品设计人员、压铸模具设计人员和压铸生产现场技术人员的工具书，是对压铸工作者解决压铸件铸造缺陷具有指导作用和借鉴价值的参考书，是压铸技术人员深入学习和研究压铸技术、提高压铸技术水平的良好教材。

　　日本铸造工学会向中国铸造学会赠送了《压力铸造缺陷、问题及对策实例集》的中文版（以下简称本书）版权，进一步丰富了两国学术组织的交流内容，也使组织间的合作与交流关系更加密切。

　　在本书版权的引进过程中，得到了日本铸造工学会会长木口昭二教授和事物局局长佐藤和则先生的大力支持，中国铸造学会的苏仕方秘书长做了积极的联系与沟通工作。中国铸造学会的尹大伟常务理事和大连理工大学的王桂芹老师对全书进行了认真仔细的翻译，中国铸造学会的卢宏远理事对翻译稿进行了技术审阅，中国铸造学会编译出版委员会为本书的引进、编辑、出版做了许多工作，在此对各位的付出表示衷心的感谢。

　　推动中国铸造技术进步是中国铸造学会的责任，我们愿意为促进中国铸造技术的提升和进步做好我们的工作。希望本书的出版发行，能为中国的压铸企业提供有价值的技术解决方案，并使企业从中受益，在中国向铸造强国发展的进程中发挥作用。

　　愿中日两国铸造界的交流与合作能更进一步发展下去，不断丰富交流与合作的内容。再次感谢日本铸造工学会将本书的出版和发行权赠送给中国铸造学会。

中国铸造学会理事长　娄延春

中文版序言 2

在 2006 年，中国铸造学会与日本铸造工学会建立起了两国学会的学术交流机制。每年两国在召开全国铸造技术交流大会时，都会互派代表参加交流。本书的译者之一尹大伟有幸在这十几年中，几乎每年都应日本铸造工学会的邀请、受中国铸造学会的委派，参加日本铸造工学会的全国铸造技术研讨会，把日本的先进技术和解决铸造缺陷的好经验介绍给中国的铸造技术人员和铸造工作者，并于 2008 年作为译者之一，翻译出版了《铸造缺陷及其对策》一书，该书受到了中国铸造工作者的好评。

压铸在中国起步比较晚，20 世纪 50 年代中国从德国和捷克斯洛伐克引进了少量压铸设备，开始压铸技术的研究及生产，直到 20 世纪 90 年代，中国的压铸才有了一定的发展。在 1991 年，中国压铸件的产量达到了 16.5 万 t，并在此后的 10 年里持续增长，到 2000 年产量达到了 49.86 万 t。进入 21 世纪后，随着中国国民经济的高速发展，特别是中国汽车工业进入爆炸式的高速增长期，中国的压铸件产量在 2011 年达到了 190 万 t，到 2017 年已高达 355 万 t。压铸件产量的高速增长，使市场竞争更加激烈，而压铸件的废品率居高不下，成本的压力困扰着压铸企业。控制压铸件的铸造缺陷，降低废品率，从而降低生产成本成了压铸企业生存的关键。

日本压铸生产起步较早，在 1910 年左右就开始了压铸的开发和研究。到 1995 年左右，压铸件的年产量达到了 72 万 t，日本在这漫长的生产实践中积累了大量的经验，日本铸造工学会压铸研究委员会，把在实践中解决铸造缺陷的实例和积累的经验汇编成了《压力铸造缺陷、问题及对策实例集》日文版。书中的内容对压铸企业控制废品率和降低生产成本，对中国压力铸造的发展都将有很大的帮助，同时也适用于压铸模具设计者、现场技术人员和压铸的研究者学习和借鉴。为此，我们把这本书译成中文（以下简称本书）出版。

本书的原文是本着对症下药的原则，把压铸缺陷做了很细的分类，这样就可以以最精准的对策应对缺陷，但如此精细的分类衍生的缺陷在中国铸造手册中找不到对应的名称，此外原书中对部分缺陷的表述不是从铸件的角度，而是从模具的角度进行描述，容易造成中国读者的误解。针对以上问题，我们两位译者经过反复的研究和磋商，并根据我们在生产实践中积累的经验和在教学当中的体会，对缺陷名称采用了非直译的方法，以体现铸造缺陷形态特征为主，以表达缺陷形成机理为辅，同时结合中国人说话的习惯，努力做到既能贴切地表达原作者的原意，又能让中国读者理解和记忆。

本书的两位译者中，尹大伟作为长期从事铸造生产和铸造技术研究的工程技术人员，主要从铸造工程实践的角度理解书中的内容，负责日文到中文的翻译，并审视、把握译文的生产合理性；王桂芹作为长期从事"特种铸造"和"铸造工艺"教学与研究的高校教师，主要从铸造理论和压铸原理的角度理解书中的内容，负责译文措辞和具体表述，并把握、审视译文的学术合理性、内容的逻辑性和语言的专业性。尽管我们努力希望译文能够准确表达作者的原意，但由于水平有限，译文中肯定会有不当之处，敬请各位读者批评指正。

最后我们要感谢日本铸造工学会及木口昭二会长给予的大力支持，感谢中国铸造学会及苏仕方秘书长对本书翻译出版给予的多方帮助，感谢卢宏远研究员对本书进行的认真审查及提出的宝贵意见。

译者

目　　录

第1章 绪　　论

压力铸造（Die Casting）（简称压铸）是把熔融的金属压入精密的金属模具中，获得高精度、高表面质量的铸件，且适合大批量生产的铸造方法。用这种方法生产的制品称为压铸件。因而压铸一词包含了生产方法和制品两方面的含义。

压力铸造是 1838 年作为活字铸造方法由美国 Bruce 发明的，此后由 Sturges 和 Dusenberg 等人改进而得以发展，并在 1905 年由 H. H. Douhler 开始商业化生产。日本在 1910 年左右开始进行压力铸造研究，从 1917 年开始企业化生产。当时压力铸造合金主要以锡、锌和铅等低熔点合金为主。在 1930 年左右，铝合金和黄铜等高熔点合金的压力铸造生产成为可能。在 1955 年左右，压力铸造的产量为 1000～2000t/年，其后产量急剧增加，到 1995 年已经达到 72 万 t/年。产量急剧增加的动因是发达的汽车产业，压力铸造产量中约 80% 是与汽车相关的部件，包括两轮车在内。

压力铸造的特点如下：

1）铸件表面光洁，尺寸精度和尺寸稳定性高。

2）能够铸出铸孔等复杂的制品形状，减少后续加工。

3）可制成薄壁、高强度的铸件，能够适应轻量化。

4）生产性好，模具使用寿命长，适合大批量生产等。

压力铸造一方面是通过非常薄的浇口把调整好的金属液高速射入模具的型腔内，使其快速凝固，另一方面又产生了常规铸造缺陷以外的压力铸造特有的铸造缺陷。为应对这些铸造缺陷，编者将各种缺陷及对策实例收集在一起，包括日本铸造工学会会志《铸造工学》发表的缺陷现场解决方案实例、现场技术人员针对产品缺陷提出的应对策略实例和以 QC（Quality Control，质量控制）规律为中心进行的质量改善活动实例。

近年来，以轻量化为中心的汽车产业对压力铸造的依赖性进一步提高，产品的高品质化需求以及国际市场的激烈竞争，使降低价格、节约成本的需求更加强烈。为适应形势发展趋势，并维持和扩大压力铸造的市场，进一步努力查找铸造缺陷的产生原因，生产出没有缺陷的压铸件是非常必要的。

如前所述，就压力铸造而言，目前还没有包括诸如卷入气孔和断裂激冷层等压力铸造特有缺陷在内的铸造缺陷系统分类，对缺陷的形成原因也不完全明确，对产生的铸造缺陷缺少适当的对策。为此，日本铸造工学会压力铸造研究委员会面向压铸件及压力铸造模具设计者、现场技术人员、青年技术人员和研究者编写了这本《压力铸造缺陷、问题及对策实例集》。

第 2 章　压力铸造缺陷、问题的分类方法

关于铸造缺陷的分类，首先是以法国为核心的国际铸造技术委员会相继在 1952 年（第 1 卷）及 1955 年（第 2 卷）用法文出版了《Alubum des Defauts de Fonderie》（《国际铸造缺陷分类集》），对铸造缺陷进行了分类。其后该书被译成德文、日文。特别是 1971 年在追加了新资料的基础上，该书又出版了德文、法文和英文版本。日本在 1975 年由（社）日本铸造协会［现（社）日本铸造工学会］的千千岩健儿先生和尾崎良平先生将该书翻译成日文并出版。

根据国际铸造缺陷分类和缺陷外观形态，铸造缺陷被分为以下 7 类：

A. 飞翅（飞边）、多肉。

B. 孔洞。

C. 裂纹、冷隔。

D. 表面缺陷。

E. 浇不足、形状残缺。

F. 尺寸差错、形状不符。

G. 夹杂物（卷入的）、成分偏析。

各种铸造缺陷表示方法如下：

例：

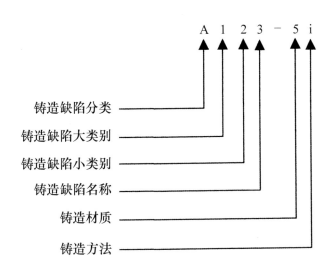

A 1 2 3 － 5 i

铸造缺陷分类

铸造缺陷大类别

铸造缺陷小类别

铸造缺陷名称

铸造材质

铸造方法

另外，如果按照国际铸造缺陷分类，铸件材质和铸造方法用表1-1中的数字和字母表示。

表1-1　国际铸造缺陷分类记号

项目	铸件材质或者铸造方法	记号
铸件材质	铸钢件	1
	片状石墨铸铁件（灰铁件）	2
	球状石墨铸铁件（球铁件）	3
	可锻铸铁件	4
	轻合金铸件	5
	重合金铸件（铜合金、锌合金等）	6
铸造方法	潮模砂铸造法	a
	干模或自硬砂铸造法	b
	组芯铸造法	c
	壳型铸造法	d
	陶瓷型壳铸造法	e
	精密铸造法	f
	精密铸造法（硅溶胶熔模铸造法）	g
	金属型铸造法	h
	压力铸造法	i
	离心铸造法	k
	连续铸造法	l

因为在《国际铸造缺陷分类集》中没有包含压力铸造特有的铸造缺陷，但又包含了砂型铸造特有的、而在压力铸造中没有的铸造缺陷，所以如果原封不动地照搬国际铸造缺陷分类很难适用于压力铸造。因此，本书从《国际铸造缺陷分类集》中把与压力铸造相关的缺陷挑选出来，同时追加压力铸造特有的铸造缺陷内容。因为缺少压力铸造特有缺陷相应的分类编号，本书采用《国际铸造缺陷分类集》中的空白编号，加（ ）表示。

另外，在这里涉及的所谓压力铸造是指把熔融的金属压入精密的金属模具中，获得高精度、高表面质量的铸件，且适合大批量生产的铸造方法。但是采用低压铸造生产铸件时的情况与此不同，所以本书中不包括低压铸造的铸造缺陷。

第 3 章　压力铸造缺陷、问题分类一览表

分类编号	通用名称	特征	示意图	页
A．飞翅、多肉类：Metallic Projections				
A100　飞翅、金属多肉				
A110　飞翅（铸件的主要尺寸没有改变）				
A111－i	飞翅 Flash（英）	金属液钻进模具的动模/定模分型面或型芯分型面的缝隙，凝固后在铸件周边留下的片状突出部分		16
A113－i	网状飞翅 Heat check mark（英）	在模具型腔表面龟裂时，其龟裂形状被复制在压铸件的表面，形成了网状纤细的金属凸起		18
A300　其他多肉				
A310－i　在光滑的表面产生细小的金属豆				
A311－i	金属豆 冷豆 Sweating（英）	在铸件表面、拐角、角落或端部产生球形的金属"汗珠"		20
（A320－i）　压力铸造特有的多肉				
（A321－i）	鼓胀 鼓泡 Blister（英）	发生在铸件表皮以下，内部是孔洞，外部呈小的山形凸起		22
（A323－i）	型腔侵蚀型凸起 结疤 冲蚀 Die erosion mark（英）	模具型腔受空气腐蚀或锈蚀，出现凹陷，在铸件表面复制出疤痕状凸起		25

分类编号	通用名称	特征	示意图	页
B．孔洞类：Cavities				
B100 近似球形，内壁光滑的孔洞				
B110 内部是近似球形，且内壁光滑的孔洞				
B111－i	气泡 卷入气孔 气眼 气孔 Blow hole Gas hole Gas porosity（英）	近似球形孔洞，内壁光滑，大小不等，分散的或成群的不均匀分布于整个铸件内部		27
B200 内壁粗糙的孔洞（缩孔）				
B210－i 敞露的 B200 类孔洞，有时孔洞延伸至铸件的深处 External shrinkage（英）				
B212－i	角部缩孔 Corner shrinkage（英）	厚壁与厚壁或厚壁与薄壁交接处的拐角内侧由于收缩而产生的孔洞		30
B213－i	芯面缩孔 Core shrinkage（英）	在型芯形成的铸件表面部位和铸孔部位出现的孔洞		32
B220－i 铸件内部深处的封闭的 B200 孔洞				
B221－i	内部缩孔 Internal shrinkage（英）	在铸件壁厚急剧变化而形成的热节处，常出现收缩孔洞，孔洞内壁呈现树枝状结晶组织凸起		33
B300 缩松 大量微小孔洞组成的疏松组织				
B310－i 肉眼几乎看不见的 B300 类的缩松				
B311－i	缩松 疏松 显微疏松 Micro shrinkage Micro porosity（英）	在铸件内部成群出现的微小的孔洞，似海绵状组织		35

分类编号	通用名称	特征	示意图	页
C．裂纹、冷隔类：Discontinuities				
C100	铸件由于受外部机械作用造成的裂纹 裂纹肉眼可见。通过对铸件的结构形状和缺陷外观分析，判定裂纹不是由铸造应力造成的			
C110	未氧化的断口 （对于铝合金，无法确认断口是否氧化）			
C111－i	机械冷裂纹 Cold breakage（英）	压力铸造件，在冲压等后续加工过程中受机械外力作用而产生的裂纹		37
C120－i	氧化的断口（对于铝合金，无法确认断口是否氧化）			
C121－i	机械热裂纹 Hot cracking（英）	在压力铸造件仍处于较高温度时，因开模和顶出铸件时受机械外力的作用而产生的裂纹		39
C200	由于铸造应力及收缩受阻产生的裂纹（开裂） Cracks and tears（英）			
C210	应力冷裂			
C211－i	冷裂 冷开裂 铸造应力裂纹 Cold tears（英）	在应力集中部位产生的裂纹		41
C220	应力热裂			
C221－i	热裂 收缩裂纹 Hot tearing Hot tears（英）	由于凝固收缩而产生的不规则形状的裂纹，断口呈现细的树枝状结晶		43
C222－i	热固态收缩裂纹 Hot cracking（英）	凝固结束后，由于固态热收缩受阻而产生的裂纹，可以观察到延性断口		45

（续）

分类编号	通用名称	特征	示意图	页
C300 由于液态金属的流动性较差，铸件出现（两股金属液流的）交界线（冷隔）				
C310 由于铸件壁薄导致的液态金属流动性差（金属液流融合差）				
C311－i	冷隔 Cold shut Cold lap（英）	在与铸造表面相垂直的方向产生的金属交界线，有全部分离和部分分离两种情况		47
C320 型腔内全部液态金属流动性差（全部金属液流融合差）				
C321－i	两重皮 Laminations Interrupted pour（英）	由于后充型的金属液与先充型的金属液不融合，在铸件表面形成第二层薄薄的金属层		49
D．表面缺陷类：Defective Surface				
D100 轻度的表面缺陷（表面皱纹，液面花纹）				
D110 在铸件表面有折痕和皱纹				
D111－i	皱皮 象皮状皱皮 Surface folds（英）	在铸件表面形成不规则的、细微的凸凹不平的皱纹		51
D113－i	表面皱纹 Flow line（英）	铸件表面形成大面积的很浅的皱纹		53
D114－i	流痕，花纹 金属波纹（锌合金） Flow marks Metal wave（英）	在铸件的平面或者平缓的曲面上呈现不规则的金属液流向花纹		55

9

分类编号	通用名称	特征	示意图	页
D130	铸件表面的沟槽和凹凸不平			
D135 – i	烧结痕 烧结 Soldering mark Soldering（英）	由于模具型腔表面与金属液发生烧结而在压铸件表面形成的凹坑和粗糙面		57
（D136 – i）	机械拉伤痕 机械拉伤 Galling（英）	从模具中顶出铸件时，在压铸件表面产生的沿顶出方向的拉伤		60
（D137 – i）	模伤印痕 Scratch（英）	模具型腔表面受磕碰等形成的伤痕被复印在铸件的表面		63
D140	铸件表面的凹坑、缩瘪			
D141 – i	缩陷 凹陷 External shrinkage Shinks marks（英）	在铸件厚大部位的表面形成的缩坑		64
（D143 – i）	反飞翅 飞翅凹陷 Inverse swell（英）	在模具镶块和型芯等接合部残留的飞翅未经清理的情况下进行压铸，形成的楔子形的凹坑或者飞翅形凹陷		65

分类编号	通用名称	特征	示意图	页
（D144-i）	剥离 脱离 Stripped mark Peeling（英） 翘起 Flower mark Stripping for shot blast（英）	铸件表面形成薄薄的剥离层以及薄剥离层翘起		67
（D145-i）	碰伤 Handling mark（英）	在压铸操作过程或搬运过程中发生磕碰形成的伤痕		70
（D160-i）	其他的铸件表面缺陷			
（D161-i）	逆偏析 表面偏析 Inverse segregation Liquation（英）	浓溶质金属液被挤压到铸造表面而产生偏析		71

E. 浇不足，形状残缺类：Incomplete Casting

E100	无断裂，由缺损造成的不合格铸件 Missing portion（英）			
E110	铸件的尺寸与图样尺寸不完全一致			
E111-i	浇不足 轮廓不清晰 Misrun（英）	在型腔边角部位，金属液没有完全充满而使铸件棱角圆钝		73
E120-i	铸件的尺寸与图样尺寸完全不一致			
E121-i	未充满 欠铸 Cold flow Non-fill（英）	金属液在充型过程中凝固，型腔中的一部分没有被充满而形成铸件缺肉		74

分类编号	通用名称	特征	示意图	页
E200 局部缺肉的铸件				
E210	铸件的缺肉、破断			
E211-i	破断 缺肉 Fractured casting Cipping（英）	铸件受机械力作用而断裂，造成铸件的缺损		75
E220	残缺、掉肉			
E221-i	残缺 掉肉 Inside cut Broken casting (at gate or vent)（英）	铸件的一部分在去除浇口、冒口（对压铸可为溢流槽等）时，被连带去除，造成铸件的缺肉		76
F. 尺寸差错类：Incorrect Dimensions or Shape				
F100	形状无误，主要尺寸差错 （没有达到图样上的尺寸，有差错）			
F110	尺寸差错			
F111-i	收缩率选错 缩尺错误 Improper shrinkage allowance（英）	收缩量的设计有问题，造成尺寸差错		78
F200	铸件的全部或者部分形状差错 Casting shape incorrect（英）			
F220	合模错位			
F221-i	错边 错扣（针对螺纹） Shift dies lag（英）	在模具分型面处，铸件两部分相互错开		78
F222-i	型芯偏位 偏芯 错位 Shifted core（英）	在分型面处，由于铸孔芯杆或型芯错位，而造成的铸孔或铸件内腔两部分错开		79

12

（续）

分类编号	通用名称	特征	示意图	页
F230	变形			
F232－i	模具变形 Deformed die（英）	由于模具自身变形或偏斜，而造成的铸件变形		79
F233－i	热变形 Casting distortion（英）	发生在铸件收缩阶段，由于收缩应力的作用，造成铸件的变形或歪斜		80
F234－i	弯曲 变形 歪斜 Warped casting（英）	由于内部存在残余应力，铸件在存放、退火或机械加工后产生变形		80
（F235－i）	顶出变形 Deformed casting（英）	在模具打开时或者在铸件被顶出时（离开模具时）铸件产生变形		81
G．夹杂物（卷入）、偏析：Inclusions or Structural Anomalies				
G100	夹杂物（卷入）：Inclusions			
G110	与母材的化学成分相同或者不同的金属夹杂物 Metallic inclusions（英）			
G111－i	金属性夹杂物 Metallic inclusions（英）	卷入成分与母材完全不同的金属或金属间化合物，形成的夹杂物		82
G112－i	偏析豆 （偏析性硬点） Internal sweating（英）	溶质浓度比母材平均浓度高的球形夹杂物，表面经常覆着氧化膜		84

13

分类编号	通用名称	特征	示意图	页
（G114-i）	异常偏析 宏观偏析 Anomalous segregation（英）	由于高压的作用，最后凝固部位含高浓度溶质元素的熔液被挤出的偏析		86
（G115-i）	断裂激冷层 初期凝固片 Cold flakes Scattered chill structure（英）	在压铸的过程中，压室内的凝固层被液态金属卷入铸件，这是冷压室压铸机特有的缺陷		89
G120	非金属夹杂物（卷入熔渣、浮渣及熔剂类非金属夹杂物） Nonmetallic inclusions（英）			
G121-i	炉渣 卷入浮渣 Slag, dross or flux inclusion（英）	卷入炉衬材料、金属液表面浮渣或熔液处理剂		91
G140	非金属夹杂物（卷入氧化物及反应生成的非金属夹杂物） Nonmetallic inclusions（英）			
G142-i	卷入氧化皮夹杂 Oxide film incursion（英）	卷入金属氧化皮夹杂物，造成铸件局部组织的割裂		93
G144-i	硬点 Hard spot（英）	在压铸件中卷入硬的异物和夹杂物，在原书和翻译书中被划分为非金属夹杂物，也称金属性硬点		95
H. 由其他复合缺陷造成的质量问题				
H100	渗漏			
H110	在试压过程中出现渗漏			
（H111-i）	渗漏 耐压不良 Leakers Leakage（英）	压铸件在试压过程中出现渗漏，各种缺陷复合造成的质量问题		98

注：材质符号省略。

第 4 章　压力铸造缺陷、问题照片实例

实例 1 飞翅、多肉

分类编号	缺陷名称			示意图
	中文	日文	英文	
A111 - i	飞翅	鋳ばり	Flash	

［说明］

金属液浸入到模具分型面间隙、型芯组合部的间隙、模具镶块的间隙和顶出推杆的间隙等处，在铸件轮廓之外形成薄薄的突出部分。把该突出部分称为飞翅缺陷。

［原因］

模具、型芯和顶出推杆孔等精度不够，模具因热变形而出现间隙，即形成飞翅。此外金属液温度、模具温度、压射速度、铸造压力，压铸机可铸铸件（在分型面上投影）面积等参数选择不当的情况下，也会产生飞翅缺陷。

［对策］

1）提高模具加工精度。

2）增加模具的硬度。

3）选定适当的合模力。

4）调整铸造参数（金属液温度、模具温度、压射速度、铸造压力等）。

［参考文献］

· A.A.Schubert：SDCE 7th International die casting congress Paper No.1472 (1972)

· E.K.Holz：Transactions,7th SDCE, International Die Casting Congress Paper No.4372(1972)

· R.Tennant：The British Foundryman, February(1983)5

· 馬場　繁：アルトピア,(1982)10,33

· 山本善章，堀田昌次，戸沢勝利，中村元志：軽金属 **36**(1986)6,339

· 植原寅蔵：アルトピア,(1986)8,59

· 日本ダイカスト協会「ダイカスト鋳造時の金型変形と鋳張り発生に関する研究報告」(1971)

· 太田雅也：品質管理 **40**(1989)1833

· 小林三郎：型技術 **4**(1989) 4,18

· 日本ダイカスト工業共同組合「ダイカストにおける鋳ばりの発生と対策」1992

· 日本ダイカスト工業共同組合「ダイカストにおける鋳ばりの研究」1993

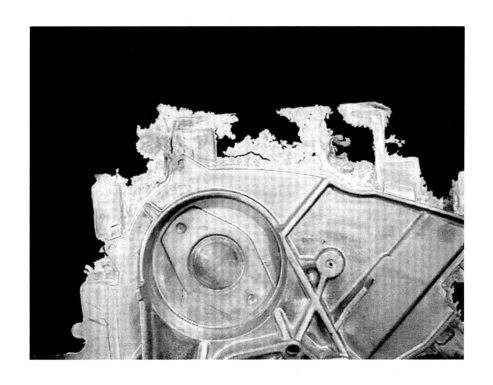

图 A111-1　飞翅的外观

200μm

图 A111-2　飞翅的断面

分类编号	缺陷名称			示意图
	中文	日文	英文	
A113 - i	网状飞翅	ヒートチェックきず	Heat check mark	

［说明］

当模具型腔表面有龟裂损伤时，其龟裂形状被原样复制在了压铸件表面上，我们把这种外观缺陷称为网状飞翅。

［原因］

在铸造过程中，由于周期性的加热和冷却，型腔表面在热胀冷缩的过程中受拉伸和压缩，在这种拉压热应力的反复作用下，型腔表面就产生了细小的裂纹，我们把这种裂纹称为龟裂。裂纹形状被原样复印在压铸件上，形成网状的纤细凸起，这种缺陷称为网状飞翅。模具龟裂是由于铸造参数选择不当，模具的材料、材料强度或硬度等不合适，外部冷却条件不合适等因素造成的。

［对策］

1）减小模具与金属液的温度差，降低热冲击。

2）铸造前对模具进行预热。

3）加强模具内冷，不进行外冷。

4）选择适当的模具材料和热处理工艺，提高模具的强度和硬度。

5）模具型腔要充分研磨、抛光，减少加工过程中留下的刀痕和磨痕等。

［参考文献］

- 浦辺鉄平，福島聖博，坂本勝美：日本ダイカスト会議論文集 JD-86-10(1986)105
- 松田幸紀，須藤興一：電気製鋼,57(1986)3,181
- 岩永省吾，榊原雄二，小長哲郎，中村元志，神谷孝則：材料 36(1987)604
- 岩永省吾，榊原雄二，小長哲郎，中村元志，神谷孝則：材料 36(1987)1355
- 日原政彦，向山芳世：電気加工学会誌,26(1989)1992
- L.A.Norström：Die Castinig ENgineer,33(1989)2,42
- 日原政彦，藤原和徳，向山芳世，緒方 薫，精密工学会誌,56(1990)52,906
- 田村 庸，奥野利夫：熱処理,32(1992)3,192
- 日原政彦「ダイカスト金型の寿命向上と対策」軽金属通信ある社(1994)64
- 日原政彦：熱処理,36(1996)3,124
- 辻井信博，阿部源隆，深浦健三，砂田久吉：鉄と鋼,80(1994)8,664
- S.Iwanaga：Transactions, 19th NADCA, International Die Casting Congress Paper No.T97-081(1997
- 日本熱処理技術協会「熱間工具材料の表面層の改善研究部会共同研究成果発表会講演集」(1998
- 新井寛隆，酒井信行，武田 秀，青山俊三，高橋冬彦，小松 明：日本ダイカスト会議論文集
  JD-98-11(1998)67

图 A113-1 型腔表面的龟裂

图 A113-2 复制在铸件表面的网状飞翅

分类编号	缺陷名称			示意图
	中文	日文	英文	
A311 – i	金属豆 冷豆	汗玉 発汗	Sweating	

［说明］

我们把在压铸件拐角和端面的表面产生的球状金属外渗物称为金属豆或冷豆。它的化学成分较母材的平均成分有元素偏聚的倾向，是逆偏析的一种。

［原因］

在模具的拐角部位热量不易散失，易产生过热区，该处的金属凝固缓慢，表面凝固层较薄，由于增压的原因，内部浓溶质金属液会被挤压出表面，在型腔与压铸件的间隙处凝固。在凝固收缩量小的情况下就成为逆偏析（D161）。

［对策］

1）强化拐角部位的冷却。

2）降低金属液的温度。

3）降低铸造压力，调整增压时间。

4）选择合适的合金种类（小的合金固液共存区间）。

图 A311-1　冷豆部位（铸件的拐角部位）

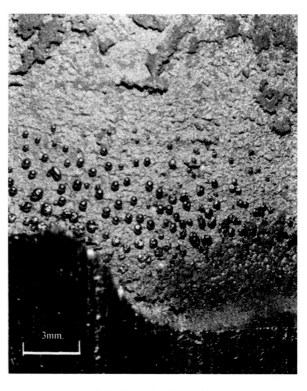

图 A311-2　金属豆的外观

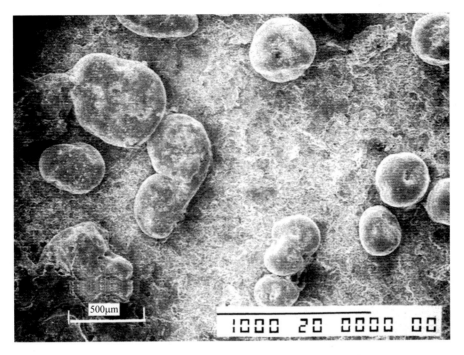

图 A311-3 金属豆的 SEM（扫描电子显微镜）照片

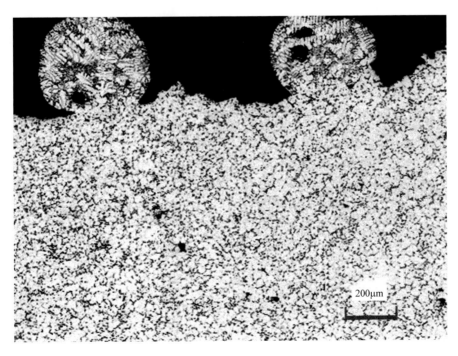

图 A311-4 金属豆的断面组织

分类编号	缺陷名称			示意图
	中文	日文	英文	
（A321－i）	鼓胀 鼓泡	ふくれ ブリスタ	Blister	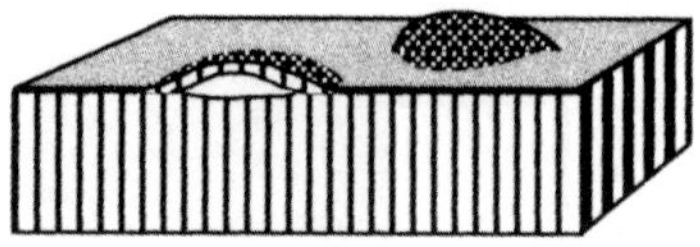

［说明］

在压铸件的表皮下卷入空气和气体，在打开模具或者热处理时，由于气体膨胀而使铸件表皮鼓起，这种缺陷称为鼓胀或鼓泡。鼓泡内部是空的。

［原因］

该缺陷产生的原因和气孔产生的原因相同。受金属液流充型状况、模具温度和铸件形状的共同影响，空气和气体被卷入到铸件表皮下，在打开模具或者铸件离开模具时发生膨胀。另外在进行 T6 等热处理时，在温度升高、合金强度变低的条件下，铸件内卷入的空气和气体也发生膨胀。

［对策］

1）参照气孔的对策。

2）调整浇口和排气口的设计方案。

3）选择合适的润滑剂、脱模剂的种类及用量。

4）选择合适的开模时间和模具温度。

5）设置定位冷却。

［参考文献］

· E.K.Holz：Transactions,7th SDCE, International Die Casting Congress Paper No.4372(1972)

· 橋本欣次：日本鋳物協会研究報告 57(ダイカスト鋳造技術に関する研究)(1990)14

· 岩田　靖：日本鋳物協会研究報告 57(ダイカスト鋳造技術に関する研究)(1990)19

图 A321-1　铸态鼓泡的外观

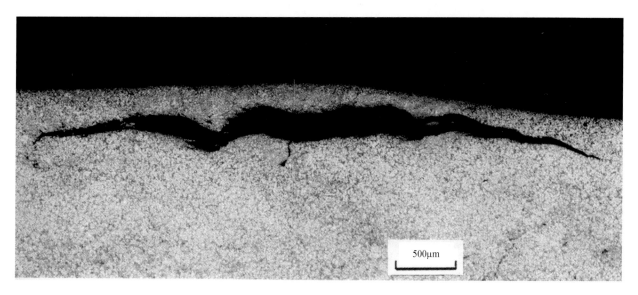

500μm

图 A321-2　铸态鼓泡的断面组织

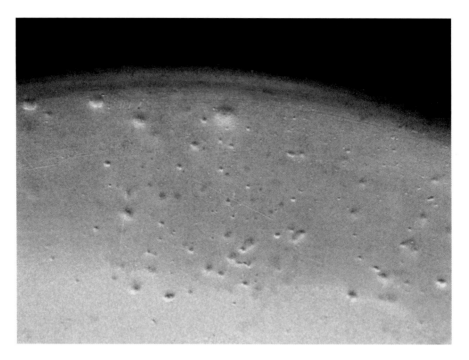

图 A321-3　T6 热处理后鼓泡的外观

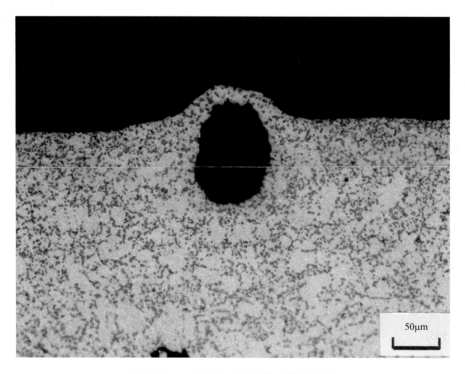

图 A321-4　T6 热处理后鼓泡的断面组织

分类编号	缺陷名称			示意图
	中文	日文	英文	
（A323－i）	型腔侵蚀型凸起结疤	型浸食きず	Die erosion marks	

[说明]

由于气体的腐蚀和金属液的熔蚀，使型腔表面出现蚀坑，在铸件表面复制出形状相同的疤痕状凸起，称为型腔侵蚀形凸起结疤。

[原因]

1）熔蚀。高温的金属液高速地冲击型腔表面，型腔表面与金属液发生反应，型腔表面被侵蚀。

2）磨损。金属液在压室中形成的固相以及在流动过程中析出的固相，随金属液高速地流过型腔表面而产生接触摩擦，造成型腔表面磨损。

3）气体侵蚀。在金属液流动的方向，由于高压产生的剧烈冲击作用，气泡也急剧膨胀导致气蚀，造成型腔表面被侵蚀。

[对策]

1）改善铸件形状。

2）优化浇口设计方案（浇口厚度、位置和方向等）。

3）改善模具磨损部位的性能并进行浇口部位的冷却。

4）优化排气方案（金属液积聚位置和排气孔大小等）。

5）控制压室内金属液的凝固。

6）选择合适的模具材料（高硬度的材料等）。

7）进行模具的热处理和表面处理。

[参考文献]

· A.J.Davis, M.T.Murry：SDCE TransactionsG-T81-123(1981)

· W.Kajoch, A.Fajkiel：Transactions,16th NADCA, International Die Casting Congress Paper No.034(1991)

· 土屋能成，河浦宏之；新井 透，橋本欣次，稲垣彦市：日本鋳造工学会第120回全国講演大会概要集(1992)73

· Y.L.Chu, P.S.Cheng, R.Shivpuri：Transactions, 17th NADCA, International Die Casting Congress Paper No.93-124 (1993)

· M.Sundvist, S.Hogmark：Tribology International 23(1993)2,129

· K.Venkatesan, R.Shivpuri：Transactions, 18th NADCA, International Die Casting Congress Paper No.95-106(1995)

· D.Argo,J.Banhust, W.Walkington：Transactions, 19th NADCA, International Die Casting Congress Paper No.T97- 033(1997)

· S.Shankar, D.Apelian：Transactions, 19th NADCA, International Die Casting Congress Paper No.T97-085 (1997)

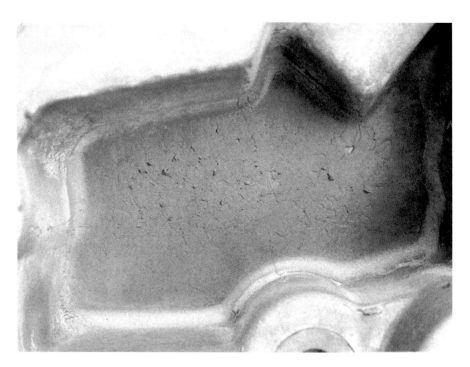
图 A323-1　铸件发生型腔侵蚀形凸起结疤

图 A323-2　铸件发生型腔侵蚀形凸起结疤

实例 2 孔洞

分类编号	缺陷名称			示意图
	中文	日文	英文	
B111 - i	气泡 卷入气孔 气眼 气孔	ブローホール 巻き込み巣 ガスホール ガスポロシティ	Blow hole Gas hole Gas porosity	

［说明］

压铸件内由于卷入空气或者气体而造成铸件的空洞称为气孔。是空气或气体在高压作用下被压到铸件的内部，气孔呈近似球形，其内壁表面比较光滑。

［原因］

1）金属液被高速地射入型腔时，压室内及型腔内的空气未能排出型腔，而被卷入压铸件内部形成了气孔。

2）模具在切削加工时使用的润滑剂、在铸造时使用的脱模剂等组分，在接触高温金属液后被汽化并被卷入压铸件内，形成气孔。

3）在冷模和排气不畅的情况下，凝聚在型腔表面的水分汽化后被卷入压铸件中，形成气孔。

［对策］

1）改进铸造工艺（设计合适的浇口和排气口的大小、位置）。

2）选择合理的铸造参数（铸造压力、充型时间、压射速度、模具温度和速度切换时间）。

3）选择合适的脱模剂和切削润滑剂的种类、用量。

4）改善压铸件的形状。

5）彻底排气，停止外部冷却。

［参考文献］

·P.M.Robinson, M.T.Murray：Transactions, SDCE, International Die Casting Congress Paper No.G -T79-23(1979)

·富田耕平，谷山久法，今林 守，岩村壽郎：軽金属 **31**(1981)3,186

·R.Jurgen, L.Peter：Aluminum**10**(1985)742 and 817

·岩田 靖，戸沢勝利，山本善章，中村元志，水野邦明，坪井晋吾：軽金属 **37**(1987)1,48

·岩田 靖，山本善章，中村元志：軽金属 **39**(1989)8,550

·鈴木宗男，宮地英敏：ダイカスト 74(1985)920

·品田与志栄，上田俶完，滝 顕治：鋳物 **61**(1989)12,920

·品田与志栄，上田俶完，滝 顕治：鋳物 **61**(1989)12,926

·F.Klein, P.Wimmer：Transactions, 18th NADCA, International Die Casting Congress　Paper No.T95- 35(1995)

·穴見敏也：日本鋳造工学会研究報告 74（ダイカストの鋳造欠陥と対策）(1996)35, and 65

·吉沢富士夫：日本鋳造工学会研究報告 74（ダイカストの鋳造欠陥と対策）(1996)42

·井川秀昭，兼利直樹，橘田和典：日本鋳造工学会研究報告 74「ダイカストの鋳造欠陥と対策」(1996)46

・林　史晃：日本鋳造工学会研究報告 74（ダイカストの鋳造欠陥と対策）(1996)52
・浅井孝一：日本鋳造工学会研究報告 74（ダイカストの鋳造欠陥と対策）(1996)56
・板村正行：日本鋳造工学会研究報告 74（ダイカストの鋳造欠陥と対策）(1996)59
・梅村晃由：日本鋳造工学会研究報告 74（ダイカストの鋳造欠陥と対策）(1996)70

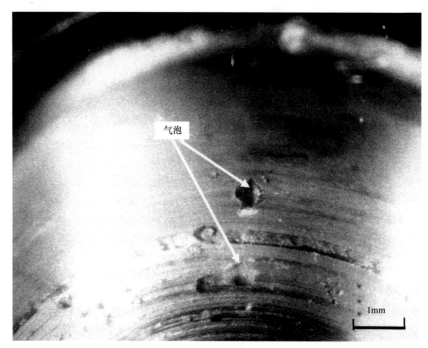

图 B111-1　加工面出现的气泡

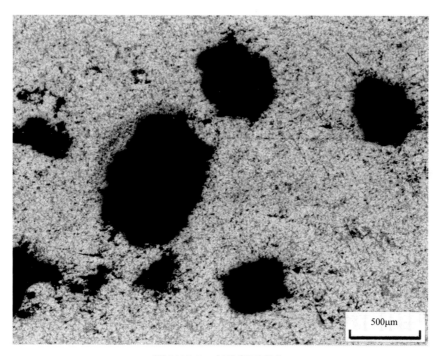

图 B111-2　气泡断面形态

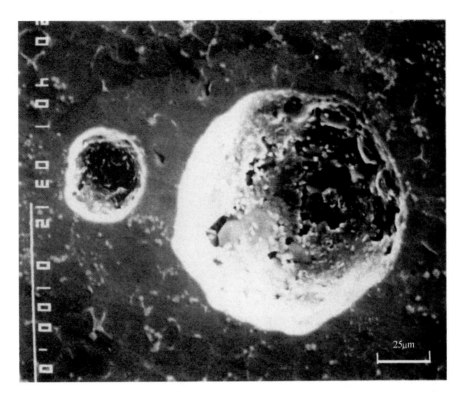

图 B111-3　气泡断面的 SEM 照片

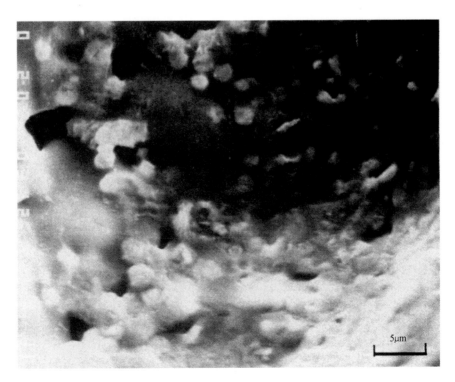

图 B111-4　气泡内壁的 SEM 照片

29

分类编号	缺陷名称			示意图
	中文	日文	英文	
B212 – i	角部缩孔	すみひけ巣	Corner or fillet shrinkage	

［说明］

发生在铸件的拐角部位或圆角部位，由于凝固收缩而出现的孔洞称为角部缩孔。

［原因］

在型腔的拐角，R 圆角部位，由于局部散热条件不良而产生过热带，铸件这个部位就成为最后凝固的部位，在金属液供给不足的情况下，就会产生角部缩孔。

［对策］

1）根据过热部位对冷却强度的需要，调整模具温度。

2）改善铸件的形状（铸件的壁厚、R 圆角部位和拐角部位）。

3）调整铸造参数（金属液的温度、压射速度和铸造压力）提高液态金属的补缩能力。

4）优化铸造工艺。

图 B212-1　角部缩孔的断面

30

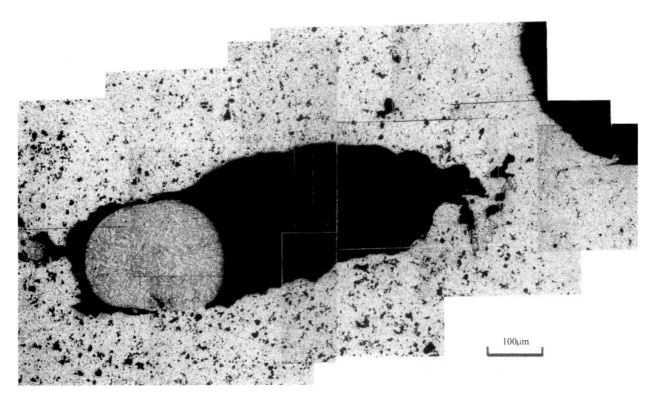

图 B212-2　角部缩孔的断面显微组织

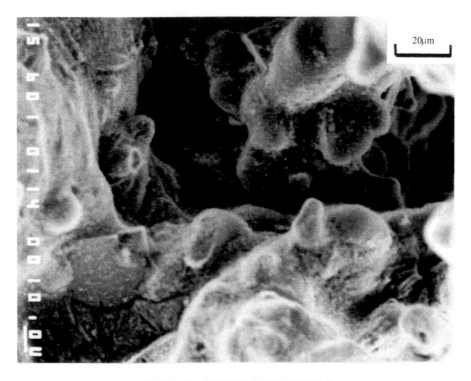

图 B212-3　角部缩孔内部的 SEM 照片

31

分类编号	缺陷名称			示意图
	中文	日文	英文	
B213 - i	芯面缩孔	中子面ひけ巣	Core shrinkage	

[说明]

铸件在铸孔芯杆的表面或型芯的前端产生的收缩孔洞称为芯面缩孔。

[原因]

铸孔芯杆及型芯的前端是过热点，该处的金属凝固速度慢，成为最后凝固的部分，在金属液无法补给的情况下，就会产生缩孔或者内部缩孔。

[对策]

1）加强对铸孔芯杆或者型芯的冷却，防止产生过热。

2）改善铸件的形状（铸孔的深度和型芯形状等）。

3）调整铸造参数（金属液温度、压射速度和压射压力等）。

4）优化铸造工艺。

1mm

图 213-1　芯面缩孔的断面形态

分类编号	缺陷名称			示意图
	中文	日文	英文	
B221 – i	缩孔 内部缩孔	ひけ巣 内ひけ巣	Internal shrinkage	

［说明］

在铸件的厚大部位和壁厚突变的部位形成的比较大的内部孔洞称为缩孔或内部缩孔。缩孔呈不规则形状，内壁面可观察到圆钝的树枝状结晶凸起。

［原因］

向模具型腔填充金属液后，在铸件凝固的过程中，来自浇口的金属液的补缩通道被先凝固的金属阻挡，铸件的凝固收缩得不到金属液的补给，而产生孔洞。

［对策］

1）优化铸造工艺（设计合理的浇口高度、宽度和开设的位置）。

2）调整铸造参数（提高浇口的射出速度、缩短充型时间、增加铸造压力）。

3）调节模具温度，形成顺序凝固。

4）改善铸件形状（在发生缩孔的部位使用型芯，减小壁厚，使壁厚均匀化）。

5）设置局部补压装置。

［参考文献］

·大笹憲一，高橋忠義，小堀　克浩：日本金属学会誌 **52**(1979)11,1086

·大中逸雄，福迫達一，西川清明：鉄と鋼,**67**(1981)547

·鈴木治男：鋳物 **60**(1988)12,737

·駒崎　徹，松浦一也，西　直美：鋳物 **66**(1994)3,211

·岩堀弘昭，杉山義雄，岩田　靖，粟野洋司：日本鋳造工学会研究報告 74「ダイカストの鋳造
欠陷と対策」(1994)143

·粟野洋司：日本鋳造工学会研究報告
74（ダイカストの鋳造欠陷と対策）
(1994)148

·井川秀昭：日本鋳造工学会研究報告
74（ダイカストの鋳造欠陷と対策）
(1994)157

·志賀紀雄：日本鋳造工学会研究報告
74（ダイカストの鋳造欠陷と対策）
(1994)159

·F.Klein, P.Wimmer：Transactions, 18th
NADCA, International Die Casting
Congress　Paper No.T95-35(1995)

图 B221-1　加工面出现的内部缩孔

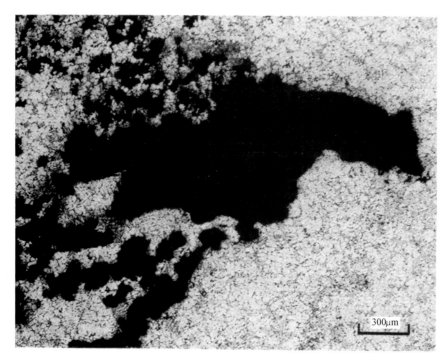

图 B221-2　内部缩孔的断面组织

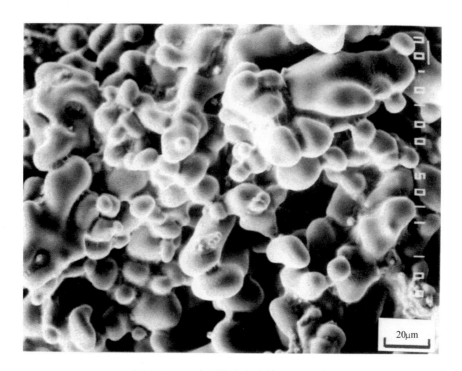

图 B221-3　内部缩孔内壁的 SEM 照片

分类编号	缺陷名称			示意图
	中文	日文	英文	
B311 - i	缩松 疏松 显微疏松	ざく巣 ポロシティ ミクロポロシティ	Micro – porosity	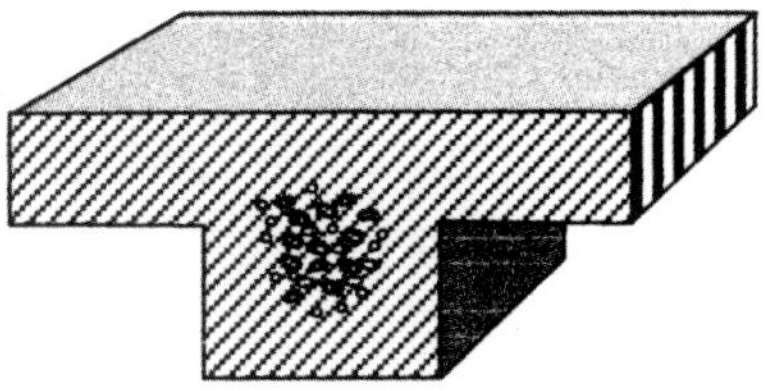

［说明］

在压铸件厚大部位和壁厚突变等部位产生海绵状或者细小的多孔组织称为缩松。

［原因］

1）凝固收缩的原因。在凝固的末期，存在于树枝状结晶间隙的金属液流动困难，凝固收缩过程得不到金属液的补充，在某个范围内形成分散的空洞。当凝固形态为糊状凝固时容易发生该类缺陷。

2）氢气、氧化物和夹渣物的原因。金属液中溶解了氢气，在凝固时析出形成微小的气孔；金属液中的氧化物和夹渣物表面吸附的气体在凝固时被析出。总之该类缺陷均发生在金属液的纯净度很差的情况下。

［对策］

1）因凝固收缩原因引起的缺陷，采取和缩孔同样的对策。

2）重新选择合金的种类（选择凝固温度范围小的合金）。

3）加强金属液的处理（脱气、脱氧、去除夹渣物）提高金属液的纯净度。

4）重新选择脱模剂的种类和使用量。

5）调整铸造参数（模具温度、铸造压力、压射速度和金属液温度等）。

6）改善铸件形状。

7）优化铸造工艺。

［参考文献］

·磯部俊夫，久保田昌夫，北冈山治：鋳物 47(1975)

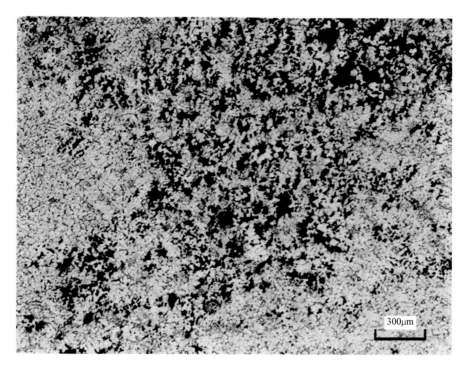

图 B311-1　缩松发生部位的断面组织

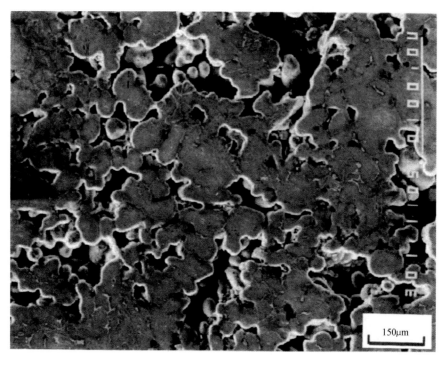

图 B311-2　缩松发生部位的 SEM 照片

实例3　裂纹、冷隔

分类编号	缺陷名称			示意图
	中文	日文	英文	
C111 - i	机械冷裂纹	割れ（冷間）	Cold breakage	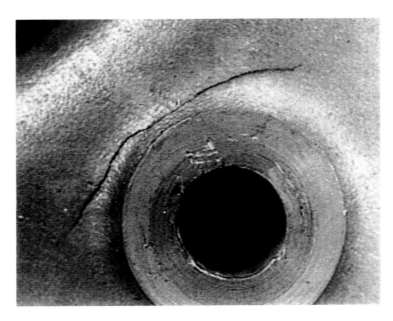

［说明］

在铸件的后序加工中，由于受机械外力作用而产生的裂纹称为机械冷裂纹。

［原因］

在冲压、后序加工和搬运过程中由于不注意等原因使铸件受到外力作用而产生裂纹。

［对策］

在搬运铸件时提醒注意。

［参考文献］

· E.K.Holz：Transactions,7th SDCE, International Die Casting Congress Paper No.4372(1972)

图 C111-1　机械冷裂纹的外观

37

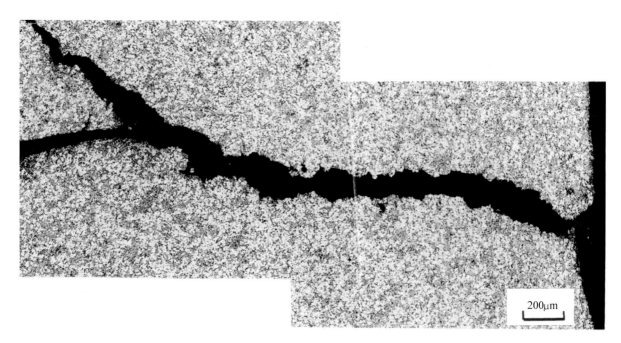

图 C111-2　机械冷裂纹的断面

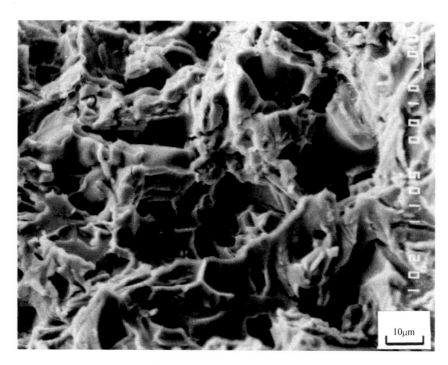

图 C111-3　机械冷裂纹面的 SEM 照片

分类编号	缺陷名称			示意图
	中文	日文	英文	
C121－i	机械热裂纹	割れ（熱間）	Hot cracking	

［说明］

在铸造过程中，铸件受机械外力的作用而产生的裂纹称为机械热裂纹。

［原因］

1. 因凝固时受机械应力作用而产生的原因

1）合模力不够和合模机构调整不当。

2）模具、模具镶块和型芯的精度和强度不合格。

2. 在开模、顶出铸件时产生的原因

1）模具过渡切削和拔模斜度设计不合理。

2）顶出方式、顶出装置设计不合理。

3）开模、顶出时间设定不协调。

4）发生烧结、机械拉伤。

［对策］

1. 凝固时受机械应力作用而产生的对策

1）调整合模力。

2）提高模具、模具镶块和型芯的平行度、平面度、精度和强度。

2. 在开模、顶出铸件时产生的对策

1）调整拔模斜度并防止模具的过度切削。

2）改进装置，调整顶出方法。

3）优化顶出推杆的配置和强度。

4）调整模具温度，设定合理的开模和顶出时间。

5）防止发生烧结和机械拉伤。

［参考文献］

· E.K.Holz：Transactions,7th SDCE, International Die Casting Congress Paper No.4372(1972)

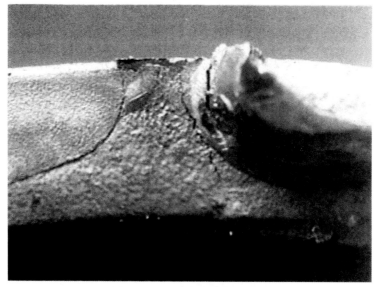

图 C121-1　机械热裂纹的外观

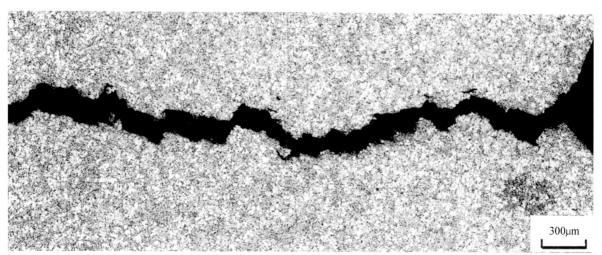

300μm

图 C121-2　机械热裂纹的断面

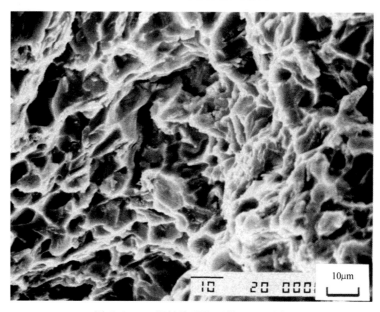

10μm

图 C121-3　机械热裂纹面的 SEM 照片

40

分类编号	缺陷名称			示意图
	中文	日文	英文	
C211 - i	冷裂 冷开裂 铸造应力裂纹	冷間割れ 冷間き裂 鋳造応力割れ	Cold tears	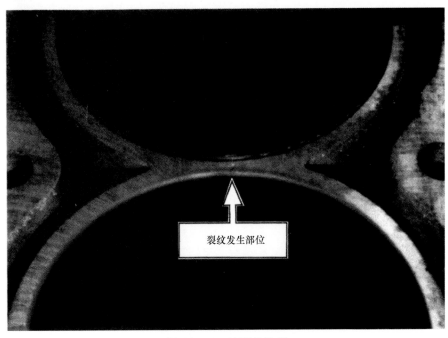

［说明］

在铸件从模具中取出放在室温下冷却时，在薄壁处和拉筋部位极易出现应力集中，此时产生的裂纹称为冷裂。

［原因］

铸件的壁厚不均匀处和应力容易集中的部位，在冷却过程中形成的收缩应力保留到室温，作用在冷隔、气孔和断裂激冷层等缺陷上形成裂纹源进而引发开裂。

［对策］

1）依据消除残余应力原则，调整铸件形状（缩小壁厚差等）。

2）调整铸造参数（铸造压力、模具温度和凝固时间等）。

3）消除冷隔、缩孔和破断激冷层等容易产生应力集中的缺陷。

4）进行消除应力退火。

［参考文献］

· E.K.Holz：Transactions,7th SDCE, International Die Casting Congress Paper No.4372(1972)

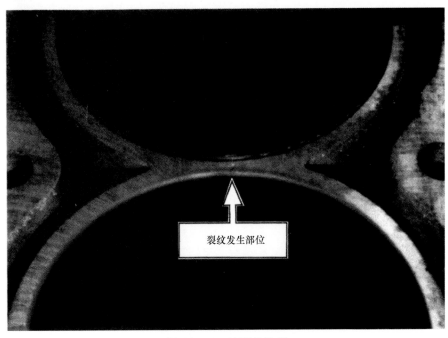

裂纹发生部位

图 C211-1　冷裂的外观

图 C211-2　放大的裂纹

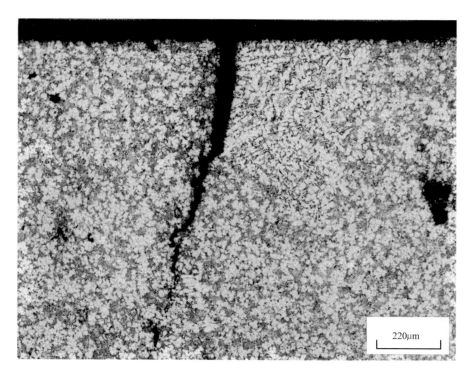

220μm

图 C211-3　裂纹的断面

分类编号	缺陷名称			示意图
	中文	日文	英文	
C221－i	热裂 收缩裂纹	ひけ割れ	Hot tearing Hot tears	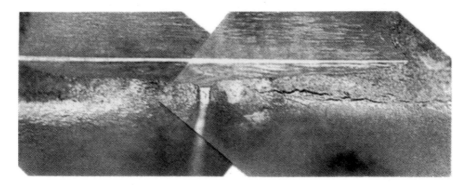

［说明］

压铸件在凝固过程中，沿晶界和树枝状晶间隙发生的开裂称为热裂。

［原因］

在压铸件的凝固末期，金属液供给不足，铸件后凝固处得不到与凝固收缩体积相当的金属液补给时，产生此类缺陷。

［对策］

1）调整铸造参数（模具温度、金属液温度、铸造压力和压射速度等）。

2）优化铸造工艺，提高金属液的流动性。

3）改变合金种类、调整成分。

4）添加 Ti 等晶粒细化剂。

［参考文献］

· E.K.Holz：Transactions,7th SDCE, International Die Casting Congress Paper No.4372(1972)

图 C221-1　热裂的外观

43

50μm

图 C221-2　热裂的断面

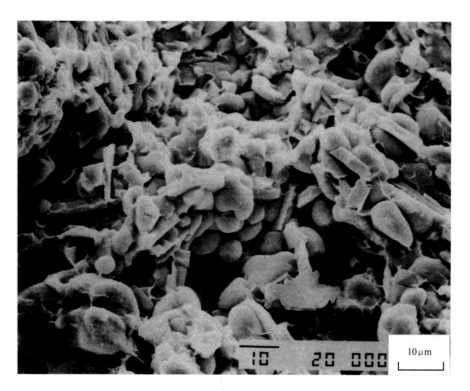

10μm

图 C221-3　热裂面的 SEM 照片

44

分类编号	缺陷名称			示意图
	中文	日文	英文	
C222 - i	热固态收缩裂纹	熱収縮割れ	Hot cracking	

[说明]

铸件在凝固完成后的冷却过程中产生的裂纹称为热固态收缩裂纹，断面可呈韧性或者脆性状态。

[原因]

压铸件在模具内冷却时因热收缩应力超过压铸件在该温度下的断裂强度极限时产生的裂纹。

在金属液中存在较多 Sn、Pb 等低熔点元素时，会导致热态脆性，易产生此类缺陷。

[对策]

1) 调整开模时间（缩短时间）及模具温度（提高温度）。

2) 铸件厚度均匀化，增加拐角部 R 值。

3) 加大拔模斜度。

[参考文献]

· E.K.Holz：Transactions,7th SDCE, International Die Casting Congress Paper No.4372(1972)

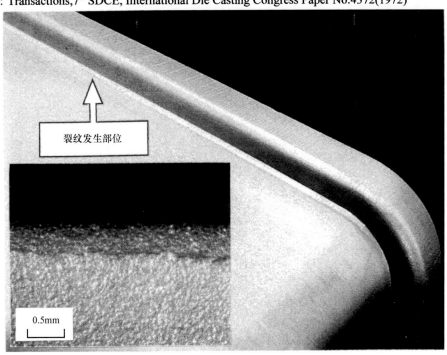

裂纹发生部位

0.5mm

图 C222-1　热固态收缩裂纹的外观

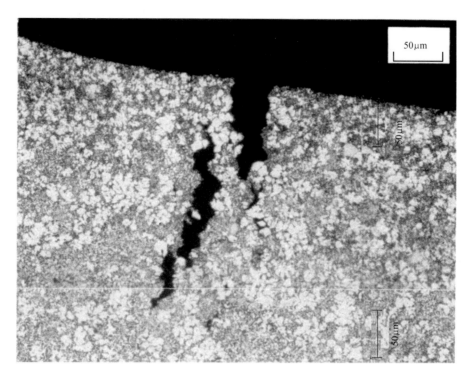

图 C222-2　热固态收缩裂纹的断面

图 C222-3　热固态收缩裂纹面的 SEM 照片

分类编号	缺陷名称			示意图
	中文	日文	英文	
C311－i	冷隔	湯境い	Cold shut Cold lap	

［说明］

在铸件的表面，金属液合流处，未完全融合的金属流交界线称为冷隔。金属流交界线的边缘轮廓呈圆钝状。

［原因］

1）金属液温度低，在金属液合流的地方不能完全融合在一起，金属液前端产生氧化膜，与来自对面的同样的金属液不融合。

2）在浇道和模具型腔表面因冷却凝固而形成的凝固薄片剥离，随液态金属充填到型腔，在铸件内产生隔阂。

［对策］

1）调整模具温度和金属液温度（提高温度）。

2）提高压射速度。

3）调整铸造工艺、改变金属液合流的位置。

4）缩短充型时间。

5）合理选择合金种类（选择凝固范围宽的合金）。

6）改善铸件的形状。

［参考文献］

·岩田　靖, 戸沢勝利, 山本善章, 中村元志, 水野邦明, 坪井晋吾：軽金属37(1987)1,48

·A.B.Rebello, Y.Ma：Transactions, 19th NADCA, International Die Casting Congress　Paper No.T97-012(1997)

·橋本欣次：日本鋳物協会研究報告67(ダイカストの生産技術に関する研究)(1993)64

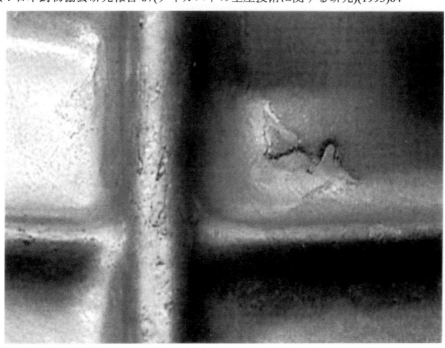

图 C311-1　冷隔的外观

47

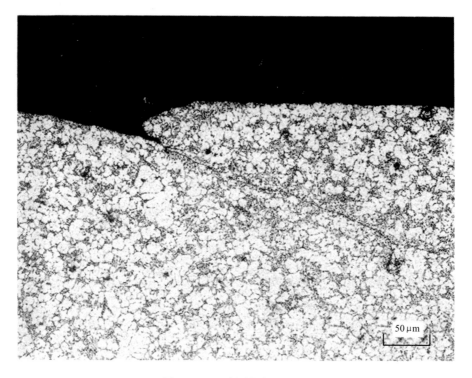

图 C311-2　冷隔的断面组织

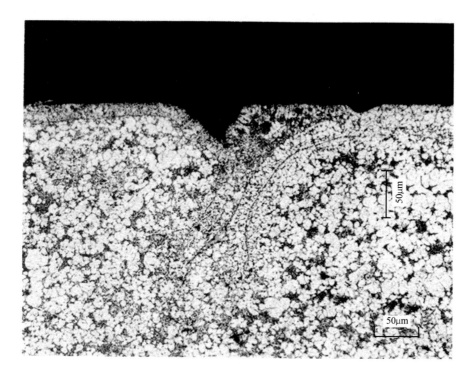

图 C311-3　冷隔的断面组织

分类编号	缺陷名称			示意图
	中文	日文	英文	
C321 - i	两重皮	二重乘り	Laminations Interrupted Pour	

[说明]

压铸件的水平表面被分成上下两层，把融合不好的表面薄层称为两重皮。C311 - i 是针对铸件表面在垂直方向有分界线的情况，C321 - i 是针对铸件表面在水平面方向有分界线的情况。该缺陷用肉眼看并不十分明显，通常在切削加工和抛丸时被发现。

[原因]

1）金属液以喷雾状射入模具型腔内，先与模具型腔表面接触的金属液急冷凝固后，与后流入型腔的金属液两者融合不好而形成。

2）先流入模具型腔的金属液凝固后，由于增压作用，该部分凝固层被后流入型腔内的金属液挤破，凝固后也出现两重皮。

3）在对铸件的局部补压的情况下，在凝固缓慢的厚大部位，内部未凝固的金属液侵入铸件表面形成此类缺陷。

[对策]

1）调整模具温度和金属液温度（提高温度）。

2）调整压射速度，合理设定增压策略。

3）调整浇口设计方案和排气方案。

4）调整金属液的供给量，抑制喷溅式金属液的充型。

5）调整合金的成分。

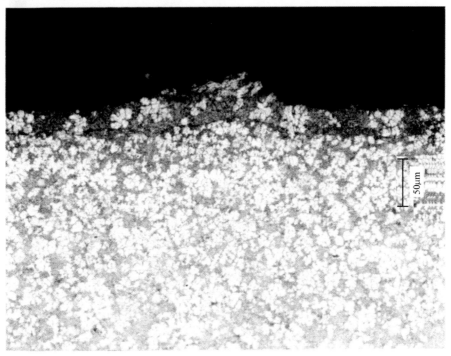

图 C321-1　两重皮的断面组织：原因 1）

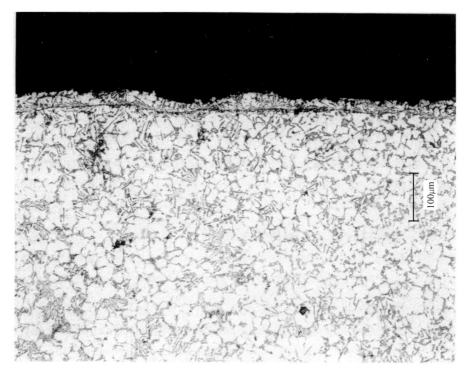

图 C321-2　两重皮的断面组织：原因 2）

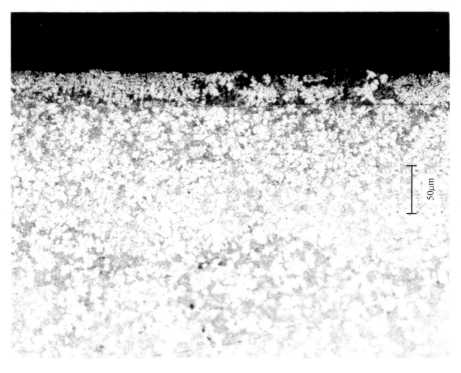

图 C321-3　两重皮的断面组织：原因 3）

实例 4　表面缺陷

分类编号	缺陷名称			示意图
	中文	日文	英文	
D111-i	皱皮 象皮状皱皮	はだあれ	Surface folds	

［说明］

把在压铸件表面形成的细微的凹凸不平的褶皱称为皱皮或象皮状皱皮。包括在铸件的拐角等部位产生的不规则凸起形态、在铸件的各表面形成的凹凸状形态和形成的细微孔洞等各种形态。

［原因］

1. 发生在拐角的情况

1）在模具型腔的拐角等金属液流动方向发生急剧变化的部位发生气蚀，模具型腔表面受侵蚀（pitting）的痕迹被复印到铸件上。

2）由于烧结和金属液侵蚀等原因，模具型腔表面呈现凹凸不平的形态，这种表面形态被复印在铸件表面上。

2. 发生在铸件全部表面的情况

1）当模具表面残留有脱模剂或外冷水分时进行压铸，脱模剂和水分与金属液接触时被汽化并覆在铸件的表面上，引起表面凹凸不平。

2）型腔内因脱模剂积垢等原因造成表面不光，并复印在铸件的表面上。

［对策］

1. 发生在拐角部位的情况

1）调整铸造工艺（浇口位置）、铸件的形状（壁厚突变和 R 角）等。

2）调整压射速度和模具温度等。

2. 发生在全部铸件表面的情况

1）提高模具温度。

2）选用积垢性小的脱模剂。

3）吹风去除脱模剂和水分。

图 D111-1　象皮状皱皮的外观

图 D111-2　象皮状皱皮的 SEM 照片

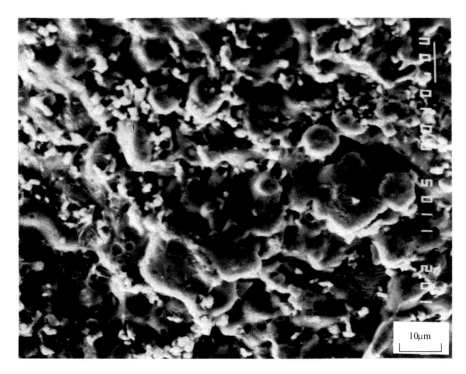

图 D111-3　象皮状皱皮的 SEM 照片

52

分类编号	缺陷名称			示意图
	中文	日文	英文	
D113-i	表面皱纹	湯じわ	Flow line	

［说明］

把在铸件表面出现的不规则的褶皱称为表面皱纹。多发生在铸件的薄壁部位和形成袋状的部位（气体易集中的地方和排气不畅的地方）。

［原因］

1）在模具温度和金属液温度低的情况下，流动中的金属液因温度低而形成薄薄的带有氧化膜的凝固层。

2）脱模剂生成的气体和型腔内的空气等未能完全排除。

［对策］

1）提高模具温度和金属液温度。

2）调整压射速度，调整速度切换时间。

3）选用不产生气体的脱模剂。

4）彻底吹风。

5）优化排气方案，改善铸件形状和分型方法，防止气体憋在型腔内。

6）优化铸造工艺。

7）改善铸件形状。

图 D113-1　表面皱纹的外观

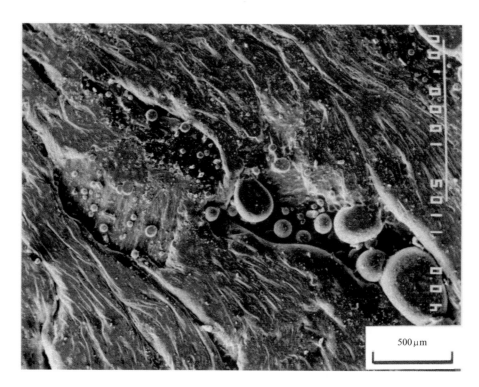

图 D113-2　表面皱纹的 SEM 照片

图 D113-3　表面皱纹的断面组织

分类编号	缺陷名称			示意图
	中文	日文	英文	
D114-i	流痕、花纹 金属波纹（锌合金）	湯模様 メタルウェーブ（Zn 合金）	Flow marks Metal wave	

［说明］

　　在压铸件表面形成与金属液流动方向一致的不规则纤维状条纹称为流痕或花纹。它容易发生在浇口附近的平面上。在锌合金压铸件中极易发生，常作为表面不合格的原因，称为金属波纹。

［原因］

　　金属液在型腔内流动紊乱，型腔表面脱模剂的附着状态不同，铸件表面的氧化状态就会出现差异，这样就会在铸件表面出现流痕或花纹。

［对策］

1）调整铸造参数（提高模具温度和金属液温度）。

2）改善铸件的形状。

3）改变脱模剂。

4）优化浇口设计方案，排气方案。

5）对模具表面进行研磨，去除加工痕迹，提高金属液的流动性。

［参考文献］

・国安義明，横山収吉，上田勝利：ダイカスト研究発表会論文 No.K74-2(1974)

・日本ダイカスト協会：亜鉛ダイカストのメタルウェーブの調査研究(1976)

・金子昌雄：「亜鉛ダイカスト表面のひけ，メタルウェーブの研究」日本鋳造工学会研究報告 74(ダイカストの鋳造欠陥と対策)(1996)188

图 D114-1　流痕（Al 合金）的外观

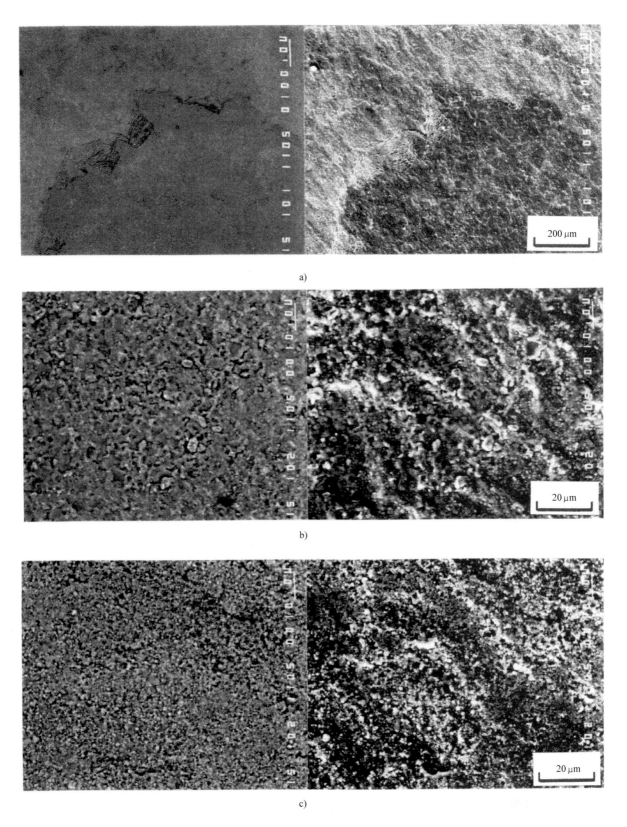

图 D114-2　流痕（Al 合金）的 SEM 照片

a）流痕边界部位的 SEM（左）和 COMPO（背散射成分像）（右）

b）黑色部位的 SEM（左）和 COMPO（右）　　c）白色部位的 SEM（左）和 COMPO（右）

分类编号	缺陷名称			示意图
	中文	日文	英文	
D135-i	烧结痕 烧结	焼付ききず 焼付き	Soldering mark Soldering	烧结部位

〔说明〕

在压铸件的立壁、铸孔或者平面等部位，由于模具表面发生烧结而在铸件上形成的沟和粗糙面，称为烧结痕。

〔原因〕

由于模具型腔表面发生烧结，铸件在脱模时一部分被剥落。烧结的原因如下：

1）由于热量集中和冷却不足，模具形成过热部位，模具型腔和铸造合金之间发生反应而形成了合金层，引发烧结。

2）在模具破损、龟裂和热裂缝隙的部位粘着铝合金。这是铝合金熔液与模具型腔表面发生反应而产生烧结的结果。

3）在拉伤的部位粘着铝合金。这是铝合金熔液与模具型腔表面发生反应而产生烧结的结果。

〔对策〕

1）调整铸造参数（金属液温度、铸造压力、压射速度和模具温度）。

2）改善铸件形状。

3）选择高温附着性好的脱模剂。

4）模具型腔表面进行放电镀敷处理，防止烧结。

5）改变合金种类，添加 Fe 和 Mn 等。

6）改变模具材料和铸孔芯杆材料（改为高硬度材料等）。

7）对模具和铸孔芯杆等进行热处理和表面处理。

〔参考文献〕

·E.K.Holz：Transactions,7th SDCE, International Die Casting Congress Paper No.4372(1972)

·井藤忠男，望月史朗，花田　章：第 47 回軽金属学会秋季大会講演概要(1974)13

·三木　功，井藤忠男，滝北高憲：アルミニウム 608(1981)1

·J.M.Birch, S.E.Booth, T.B.Hill：Transactions,16th NADCA, International Die Casting Congress
　Paper No.023 (1991)

·W.Kajoch, A.Fajkiel：Transactions,16th NADCA, International Die Casting Congress
　Paper No.034(1991)

·牧野　浩，小野高興，栢原芳郎，水野邦明，坪井晋吾：日本鋳造工学会第 113 回全国講演大会
　概要集(1988)53

·土屋能成，川浦宏之，新井　透，橋本欣次，稲垣彦市：日本鋳造工学会第 120 回全国講演大会
　概要集(1992)73

·Y.L.Chu, P.S.Cheng, R.Shivpuri：Transactions, 17th NADCA, International Die Casting Congress
　Paper No.93-124 (1993)

· K.Venkatesan, R.Shivpuri：Transactions, 18th NADCA, International Die Casting Congress　Paper No.95-106(1995)

· D.Argo,J.Banhust, W.Walkington：Transactions, 19th NADCA, International Die Casting Congress Paper No.T97- 033(1997)

· Y.L.Chu, S.Balasubramaniam, R.Shivpuri：Transactions, 19th NADCA, International Die Casting Congress Paper No.T97-075(1997)

· S.Shankar, D.Apelian：Transactions, 19th NADCA, International Die Casting Congress　Paper No.T97 -085 (1997)

· P.Hairy, M.Richard：Transactions, 19th NADCA, International Die Casting Congress　Paper No.T97- 102(1997)

· M.Sundqviat, J.Bergstöm, T. Björk, R. Westergard：Transactions, 19th NADCA, International Die Casting Congress　Paper No.T97-104(1997)

· 糸井高士，土肥康人，南　紀夫，高塚弘幸：日立金属技報 15(1999)91

· 青山俊三，下条　浩：日本鋳造工学会第 131 回全国講演大会概要集(1997)94

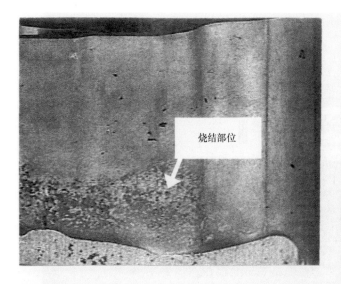 

图 D135-1　烧结部位的外观

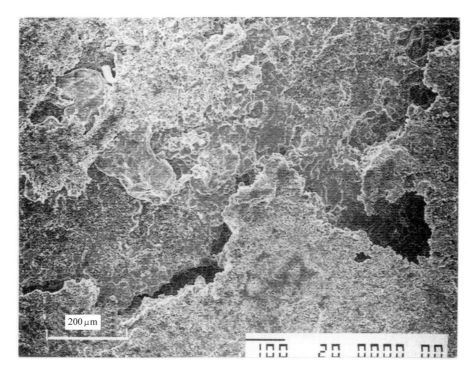

图 D135-2　烧结部位的 SEM 照片

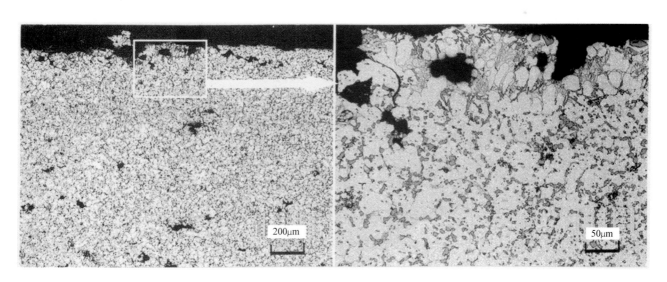

图 D135-3　烧结部位的断面组织

分类编号	缺陷名称			示意图
	中文	日文	英文	
（D136-i）	机械拉伤痕 机械拉伤	かじりきず かじり	Galling	 顶出方向

［说明］

在抽芯和顶出铸件时，在压铸件的表面发生线状划伤，称为机械拉伤痕或机械拉伤。

［原因］

1. 脱模剂润滑性不好

因模具的温度超过了脱模剂附着温度、涂敷方法不当、涂敷量不够或润滑性不好，会发生机械拉伤。

2. 拔模斜度不够

在拔模斜度小的情况下，因脱模摩擦阻力太大，而发生机械拉伤。

3. 模具被加工出倒拔模斜度

因模具加工不好、操作不当、碰伤或者模具产生龟裂等原因，而发生机械拉伤。

［对策］

1. 脱模剂润滑性不好的对策

1）调整模具温度（设定在脱模剂附着温度的范围内）。

2）更换脱模剂的种类，改善涂敷方法。

2. 拔模斜度不够的对策

改善铸件的形状和拔模斜度。

3. 倒拔模斜度的对策

1）对模具的表面（模具的立面）进行精细的打磨。

2）在打磨型芯和模具时，要顺着拉拔方向和开模方向。

3）去除碰伤和龟裂纹。

［参考文献］

· H.Tosa, A.Urakami：Transactions,7th SDCE, International Die Casting Congress Paper No.4172(1972)

· 金子昌雄：鉛と亜鉛 **66**(1975)7

· 坂本勝美，田下　究：鋳物 **60**(1988)12,747

· 青山俊三，砂田昌弘，坂本勝美，梅村晃由：軽金属 **41**(1991)6,412

· 青山俊三，杉谷　洋，坂本勝美，梅村晃由：軽金属 **43**(1993)5,275

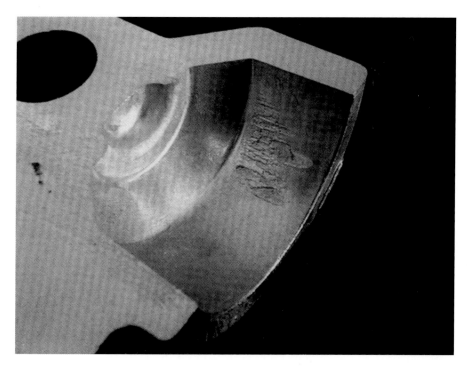

图 D136-1 机械拉伤部位的外观

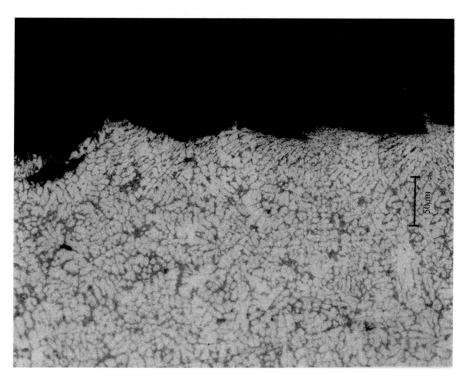

图 D136-2 机械拉伤部位的断面组织

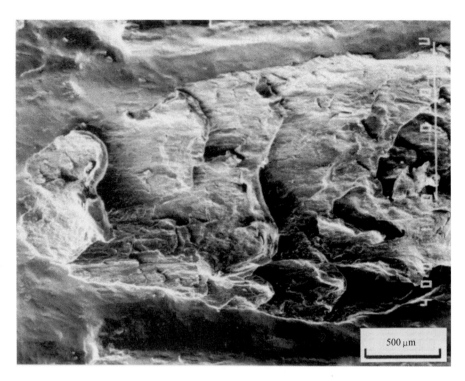

图 D136-3　机械拉伤部位的 SEM 照片

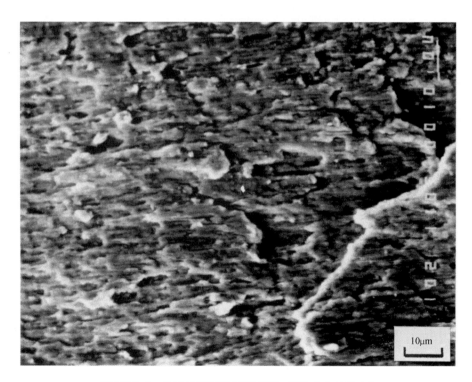

图 D136-4　机械拉伤部的 SEM 照片（D136-3 的放大）

分类编号	缺陷名称			示意图
	中文	日文	英文	
（D137-i）	模伤印痕	型きず	Scratch	

[说明]

模具型腔表面因碰伤等被损坏，在铸件的表面"复印"上相同形状的印痕称为模伤印痕，如果在拉拔、顶出方向的侧面发生该情况就称为机械拉伤。

[原因]

由于操作不当发生磕碰或飞刺插入等，使模具型腔表面局部发生变形。

[对策]

1）模具在操作和搬运过程中要小心。

2）防止残留的浇口和飞刺对模具造成损伤。

3）对模具型腔的受伤面进行修复。

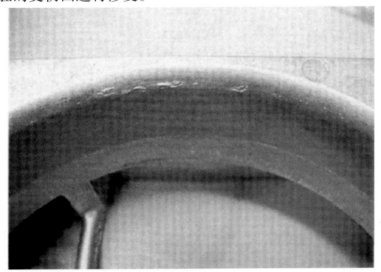

图 D137-1　模伤印痕部位的外观

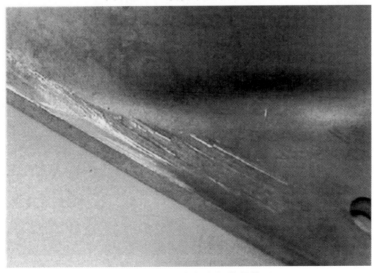

图 D137-2　模伤印痕部位的外观

63

分类编号	缺陷名称			示意图
	中文	日文	英文	
D141-i	缩陷 凹陷	外びけ ひけ	External shrinkage Sink marks	

［说明］

在压铸件的厚大断面处、厚度急剧变化的部位和拐角部位，由于凝固收缩而发生的凹坑称为缩陷，缩陷部位比较光滑，通常和铸造表面相差不大。

［原因］

1）发生在模具型腔局部过热处或凝固缓慢的部位。

2）发生在筋的交叉部位、壁厚突变的部位、凝固迟缓和金属液补给不足的情况下。

［对策］

1）改善铸件的形状（避免壁厚急剧变化）。

2）优化铸造工艺。

3）调整铸造参数（金属液温度、模具温度、压射速度和铸造压力）。

4）加强缩陷部位的冷却（局部冷却）。

5）改变缩陷部位的模具材料。

［参考文献］

·金子昌雄：「亜鉛ダイカスト表面のひけ，メタルウェーブの研究」日本鋳造工学会研究報告 74(ダイカストの鋳造欠陥と対策)(1996)188

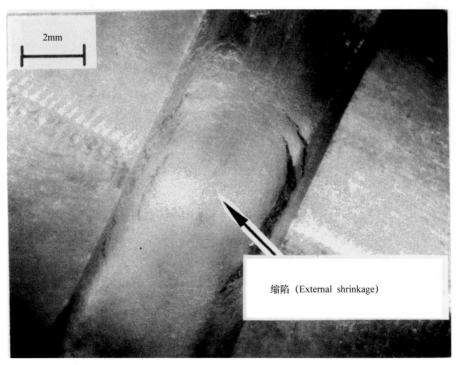

图 D141-1　缩陷部位的外观

64

分类编号	缺陷名称			示意图
	中文	日文	英文	
（D143-i）	反飞翅 飞翅凹陷	逆ばり 鋳ばりの食い込み	Inverse swell	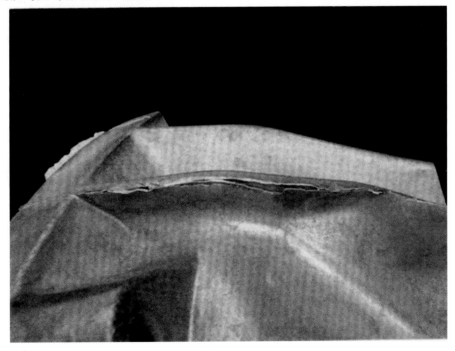

［说明］

把在模具镶块和型芯等接合部位残留的飞翅，按原样铸在铸件里，在铸件中出现和飞翅形状相同的凹坑称为反飞翅。反飞翅有的伸入铸件内部并残留在里面，也有断裂的情况。

［原因］

由于飞翅残留而发生。

［对策］

1）参照飞翅的对策。

2）去除排气孔等形成的飞翅。

图 D143-1　反飞翅部位的外观

65

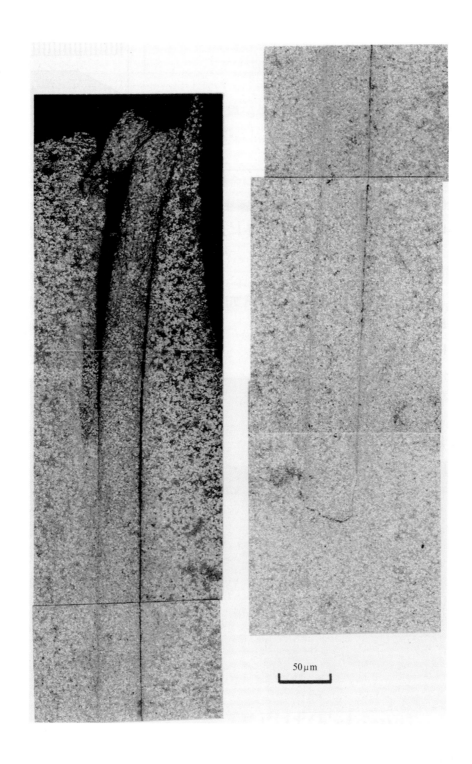

图 D143-2　反飞翅部位的断面组织

50μm

分类编号	缺陷名称			示意图
	中文	日文	英文	
(D144-i)	剥离 脱离	はがれ はくり	Stripped marks Peeling	
	翘起	めくれ	Flower mark Stripping for shot blast	

［说明］

铸件在被铸出后或者在抛丸和切削等后续加工时，其表面的部分薄层剥离下来，这种缺陷称为剥离。薄皮没有完全剥离的残留飞翅称为翘起。

［原因］

该缺陷是以下各种铸造缺陷的二次缺陷。

1. 冷隔

当金属液温度低时，在金属液合流的地方不能全部融合在一起，金属液的前端产生氧化膜，与来自对面的同样的金属液发生不融和，在冷隔处薄层剥离翘起。

2. 两重皮

1）金属液以喷雾状射入模具型腔内，在与模具接触急冷凝固后，与后流入型腔的金属液两者融合不好，形成薄层剥离翘起。

2）先流入模具型腔的金属液凝固所形成的铸造表面与模具型腔有间隙，后面填充的金属液钻进间隙，两者融合不好，形成薄层剥离翘起。

3）对铸件局部补压时，在凝固缓慢的厚大部位，内部未凝固的金属液侵入铸件表面而产生剥离翘起。

3. 气体憋在表层

先流入的金属液形成的表层和后流入的金属液间憋进气体，先形成的薄层和后流入的金属液不能融合，该表层剥离翘起。

4. 断裂激冷层，断裂凝固片

在直浇道和横浇道内腔表面冷却凝固所形成的凝固薄片随金属液移动，滞留在铸件表面附近，该薄片剥离翘起。

［对策］

由于本缺陷是上述各种铸造缺陷的二次缺陷，所以要明确形成剥离或翘起的一次缺陷原因，并针对各种不同的一次缺陷原因采取相应的对策。因此，此缺陷的对策就是要参照各种一次缺陷原因的对策。

［参考文献］

·福部英治，長島　充：日本鋳造工学会研究報告 74(ダイカストの鋳造欠陥と対策)(1996)99

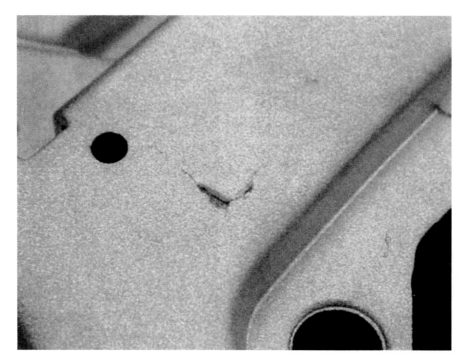

图 D144-1　翘起的外观

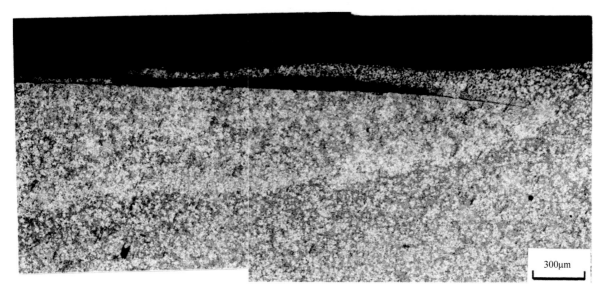

300μm

图 D144-2　冷隔导致翘起的断面组织

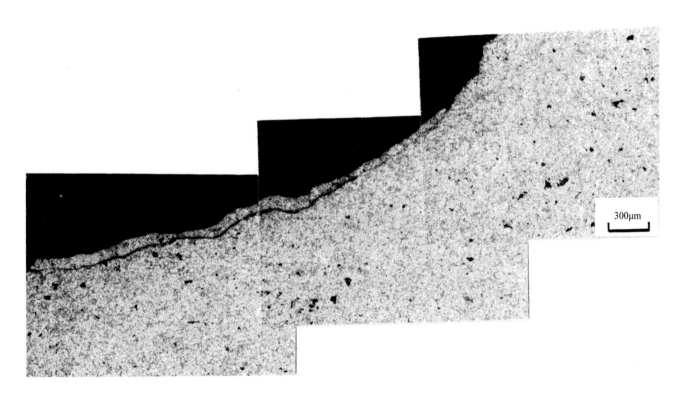

图 D144-3　两重皮导致翘起的断面组织

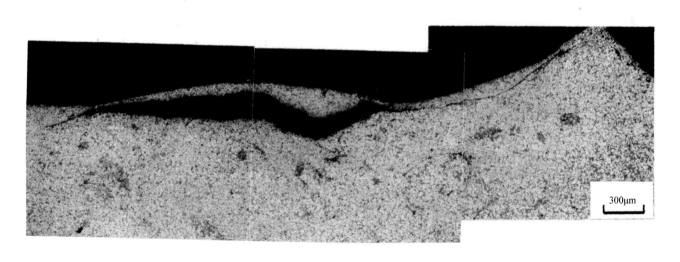

图 D144-4　气泡导致翘起的断面组织

分类编号	缺陷名称			示意图
	中文	日文	英文	
（D145-i）	碰伤	打こん	Handling marks	

[说明]
压铸件在浇口切割、加工、搬运等后序操作中发生的磕碰损伤称为碰伤。

[原因]
多数是由于对压铸件的操作不当、搬运过程中不注意造成的。

[对策]
要特别注意压铸件的操作和搬运过程（防止掉落，放置在具有缓冲作用的材料上）。

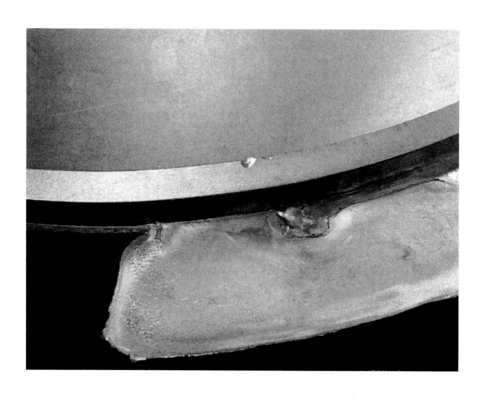

图 D145-1　碰伤的外观照片

分类编号	缺陷名称			示意图
	中文	日文	英文	
（D161-i）	逆偏析 表面偏析	逆偏析 表面偏析	Inverse segregation Liquation	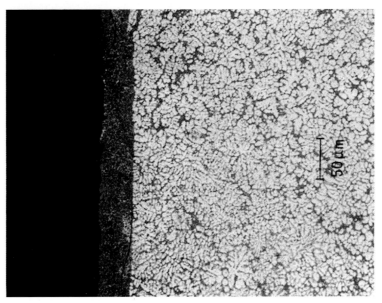

［说明］

与正常的偏析不同，压铸件的表面成分与平均成分（母材成分）相比有显著的溶质偏聚现象，这种现象称为逆偏析或表面偏析。

［原因］

在压铸件表面层完全凝固之前，由于增压的作用，内部的溶质含量高的熔液被挤到模具和压铸件之间，在凝固收缩形成的空隙中凝固，形成逆偏析。当凝固收缩量大、压铸件与模具间形成的空隙较大时，就形成了细小的金属豆（A311）。

［对策］

1）加强模具的冷却。

2）降低铸造压力。

3）合理调整增压策略。

4）选择合适的合金种类（固液共存区间窄的合金，不易出现逆偏析）。

［参考文献］

・大中逸雄，福迫達一，K.E.Höner：軽金属 **28**(1978)1,26

・大中逸雄，西井光治，福迫達一：日本金属学会誌 **45**(1981)4,424

・西 直美，神 重傑：鋳造工学 **70**(1998)9,648

・村島 泉，石川 明，佐々木英人，西 直美：軽金属 **49**(1999)10,487

图 D161-1 逆偏析部位的断面组织

71

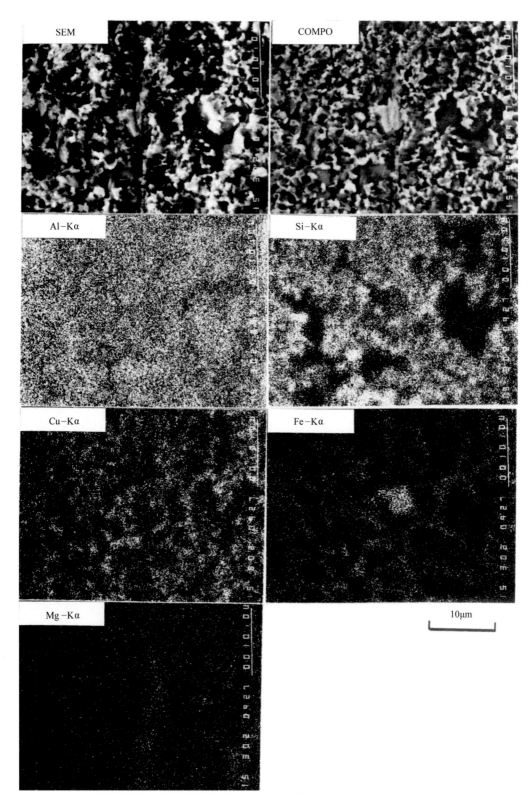

图 D161-2　逆偏析部位的 EPMA（电子探针显微分析仪）组织分析图

实例5　浇不足、形状不完全

分类编号	缺陷名称			示意图
	中文	日文	英文	
E111-i	浇不足 轮廓不清晰	湯回り不良	Misrun	

[说明]

充填到模具型腔里的液态金属在模具型腔没有完全充满之前，已经凝固，造成充型不完全，这种缺陷称为浇不足或轮廓不清晰。轻微的浇不足表现为铸件的棱角部位呈圆钝形。

[原因]

1. 金属液温度低导致凝固的情况

1）由于金属液温度低和压室内金属液温度低等，使型腔内的金属液在充型过程中的流动性不好，导致凝固。

2）充型时间长，金属液充满型腔前熔液温度降低，导致凝固。

2. 排气不好的情况

型腔内的空气和气体排出不畅，反压力增高，导致金属液在型腔内充型不好。

[对策]

1）调整铸造参数（提高模具温度、金属液温度、压射速度和铸造压力）。

2）优化浇口方案（浇口位置、厚度和宽度）。

3）缩短充型时间。

4）调整排气方案（直浇道的位置，排气孔的大小、数量和位置等）。

5）改善铸件的形状（改变铸件的壁厚和形状）。

6）抑制金属液在压室内的凝固。

[参考文献]

· A.B.Rebello, Y.Ma：Transactions, 19th NADCA, International Die Casting Congress　Paper No.T97-012(1997)

· 岡田政道，栢原芳郎，松永栄吉：日本鋳物協会研究報告 57(ダイカスト鋳造技術に関する研究)(1990)71

图 E111-1　浇不足部位的外观

73

分类编号	缺陷名称			示意图
	中文	日文	英文	
E121-i	未充满 欠铸	未充てん 充てん不良	Cold flow Non–fill	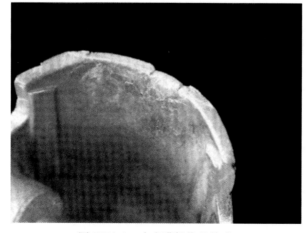

［说明］

型腔内的金属液在型腔充满之前凝固，使铸件的一部分残缺的情况称为未充满。此缺陷产生的原因和E111-i的原因相同，但E111-i缺陷是铸件大致的形状已经形成，而E121-i缺陷是铸件的形状不完全，特别是铸件的薄壁部分残缺比较多的情况。

［原因］

1. 金属液温度低导致凝固的情况

1）由于金属液温度低和压室内金属液温度低，导致薄壁部分充型不完全。

2）充型时间过长、金属液充满型腔前金属液温度降低，导致薄壁部分凝固出现残缺。

2. 排气不好的情况

型腔内的空气和气体排出不畅，反压力增高，导致金属液在薄壁部位未充满，发生残缺。

［对策］

1）调整铸造参数（提高模具温度、金属液温度、压射速度和铸造压力）。

2）优化浇口方案（浇口的位置、厚度和宽度）。

3）调整排气方案（直浇道的位置、排气孔等）。

4）改善铸件的形状（必须减小壁厚差）。

5）抑制金属液在压室内的凝固。

［参考文献］

· E.K.Holz：Transactions,7th SDCE, International Die Casting Congress Paper No.4372(1972)

· A.B.Rebello, Y.Ma：Transactions, 19th NADCA, International Die Casting Congress　Paper No.T97-012(1997)

图 E121-1　未充满部位的外观

分类编号	缺陷名称			示意图
	中文	日文	英文	
E211-i	破断 缺肉	欠け 欠肉	Fractured casting Chipping	

[说明]

由于机械力的作用使铸件破坏或铸件的一部分残缺的缺陷称为破断、缺肉。

[原因]

1）由于模具的烧结和机械拉伤等损伤，使铸件的一部分出现残缺。

2）由于压铸操作不当或掉落使铸件断裂，以及由于铸件相互碰撞而形成残缺。

[对策]

1）防止模具的烧结和机械拉伤的对策。

2）注意生产过程的操作。

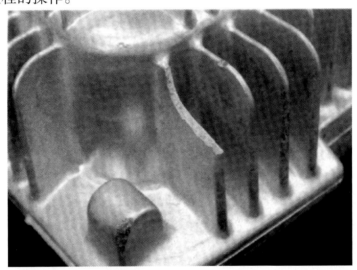

图 E211-1　缺肉部位的外观

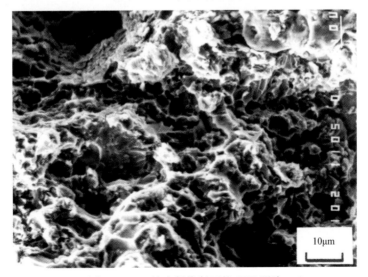

图 E211-2　缺肉部位断面的 SEM 照片

分类编号	缺陷名称			示意图
	中文	日文	英文	
E221-i	残缺 掉肉	欠け込み 身食い	Inside cut Broken casting （at gate or vent）	

［说明］

在去除浇口、排溢系统和飞翅等时，因铸件的一部分被连带去除而产生的缺肉，称为残缺、掉肉。

［原因］

1. 形状不良

当铸件与浇口、排气孔等部位的连接处形状不利于这些部位的去除时产生。

2. 断裂激冷层和氧化膜等

当断裂激冷层和氧化膜等在浇口或者排溢系统等部位残留时产生。

［对策］

1）在铸件与浇口、排溢系统和排气孔等部位的连接处设计切割槽。

2）改变浇口的切割位置和方法。

3）采用应对断裂激冷层的对策，抑制断裂激冷层的发生。

4）一方面对金属液进行处理，另一方面改变金属液的供给方法，防止氧化膜和氧化物的混入。

5）改善切断方法。

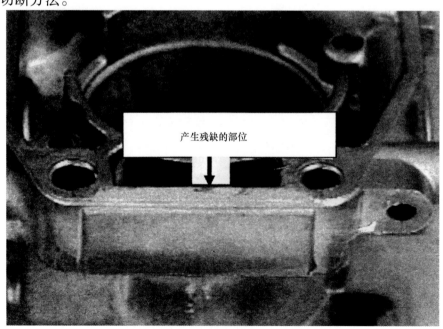

图 E221-1　残缺部位的外观照片

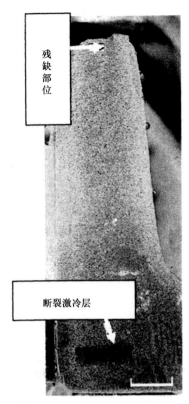

图 E221-2　残缺部位的断面图

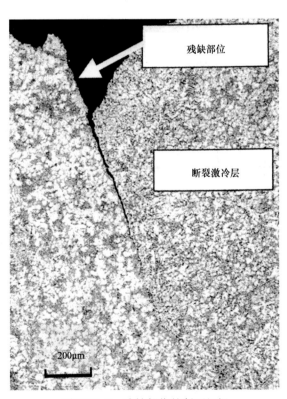

图 E221-3　残缺部位的断面组织

实例 6　尺寸差错、形状不符

分类编号	缺陷名称			示意图
	中文	日文	英文	
F111-1	收缩率选错 缩尺错误	縮み代の 見込み違い 伸び尺違い	Improper shrinkage allowance	

［说明］

由于缩尺选定错误，而使铸件未获得规定的尺寸，这种缺陷称为收缩率选错。

［原因］

1）缩尺的选定错误。

2）由于金属液温度、模具温度和凝固时间等铸造参数不同导致的实际收缩量与选定的收缩量有差异。

［对策］

1）选定合适的收缩率。

2）调整铸造参数（金属液温度、模具温度和凝固时间等）。

［参考文献］

- 菅野友信，植原寅藏：軽金属 **2**(1951)83
- 菅野友信，植原寅藏：軽金属 **3**(1952)87
- 菅野友信，植原寅藏：軽金属 **6**(1953)94
- 菅野友信，植原寅藏：軽金属 **18**(1956)66
- 菅野友信，植原寅藏：軽金属 **20**(1956)81
- 菅野友信，植原寅藏：軽金属 **22**(1957)49
- 菅野友信，植原寅藏：軽金属 **25**(1957)69
- T.Kanno, T.Uehara：Fondrie 132(1957)1,1
- T.Kanno, T.Uehara：Giesserei 45(1957)26,765

分类编号	缺陷名称			示意图
	中文	日文	英文	
F221-i	错边 错扣（针对螺纹）	型ずれ	Shift dies lag	

［说明］

由于压铸型合模时错位，使模具分型面处的压铸件外部错位，铸件的尺寸（形状）改变，这种缺陷称为错边、错扣（针对螺纹）。

［原因］

1）模具的加工和装配精度不够。

2）模具的刚性不足。

3）由于定模与动模的导柱和顶杆的磨损，使模具的合模性不好。

［对策］

1）提高模具的加工和装配精度。

2）提高模具的刚性。

3）维修或更换磨损的部件。

［参考文献］

- 菅野友信，植原寅藏「アルミニウム合金ダイカストーその技術と不良対策」軽金属出版 1988

分类编号	缺陷名称			示意图
	中文	日文	英文	
F222-i	型芯偏位 偏芯 错位	中子ずれ はぐみ ぐいち	Shifted core	

［说明］

由于活动的型芯和铸孔芯杆等错位，导致铸孔和铸件尺寸（形状）改变，这种缺陷称为型芯偏位。

［原因］

1）发生在活动型芯的缝隙形成飞翅的场合。

2）发生在铸孔芯杆偏斜或者变形的场合。

3）发生在型芯与其滑动配合面合对不好的场合。

4）发生在模具安装调试不当时，型芯偏斜的场合。

［对策］

1）去除型芯部位的飞翅。

2）修整型芯与其滑动配合面的偏斜。

3）改善型芯润滑面的润滑方式，改变材质。

4）防止铸孔芯杆倾斜和变形。

5）调整模具的装配方法。

［参考文献］

・菅野友信，植原寅蔵「アルミニウム合金ダイカストーその技術と不良対策」軽金属出版 1988

分类编号	缺陷名称			示意图
	中文	日文	英文	
F232-i	模具变形	型変形	Deformed die	

［说明］

把由于模具变形，而使压铸件未达到规定尺寸的缺陷称为模具变形。

［原因］

1）发生在模具热变形的情况下。

2）发生在模具的刚性不足的情况下。

3）发生在模具磨钝的情况下。

［对策］

1）防止模具的热变形或者在设计铸件的形状时考虑模具的变形。

2）提高模具的强度、硬度和刚度（改善模具的结构、改变材质）。

［参考文献］

・菅野友信，植原寅蔵「アルミニウム合金ダイカストーその技術と不良対策」軽金属出版 1988
・日本ダイカスト協会「ダイカストの無歪平板の製造に関する研究」(1994)
・日本ダイカスト協会「ダイカスト鋳造時の金型変形と鋳張り発生に関する研究」(1971)

分类编号	缺陷名称			示意图
	中文	日文	英文	
F233-i	热变形	熱変形	Casting distortion	模具 铸件

[说明]

从模具中取出压铸件时，铸件的各部位出现不均等的热收缩变形，这种缺陷称为热变形。

[原因]

1）发生在铸件壁厚急剧变化的部位。

2）压铸件中应力集中和热收缩不平衡。

3）压铸件冷却不平衡。

4）从模具中取出铸件时的放置方法或姿态不当。

[对策]

1）改善铸件的形状（一方面使铸件壁厚均匀、壁厚变化平缓，另一方面调整圆角和拐角的形状）。

2）利用筋等调整应力的分布。

3）提高铸件的刚性。

4）优化冷却方案，调整模具的温度分布。

5）调整脱模剂的种类、喷涂量和喷涂方法。

6）将铸件从模具中取出后进行水冷（温水中）。

7）注意从模具中取出铸件的放置方法和姿态。

分类编号	缺陷名称			示意图
	中文	日文	英文	
F234-i	弯曲 变形 歪斜	そり ひずみ ゆがみ	Warped casting	

[说明]

铸件在退火或机械加工后和存放过程中，其形状发生改变，这种缺陷称为弯曲（变形、歪斜）。

[原因]

压铸件内部的残余应力（铸造应力）被释放。

[对策]

1）改善铸件的形状（设计铸造应力最小的铸件形状，提高刚性）。

2）调整铸造参数（金属液温度、模具温度和凝固时间等），以降低铸件的铸造应力。

3）优化消除应力的退火条件（温度、时间和冷却方法）。

分类编号	缺陷名称			示意图
	中文	日文	英文	
（F235-i）	顶出变形 （离开模具时的 变形）	押出し変形 （離型時の変形）	Deformed casting	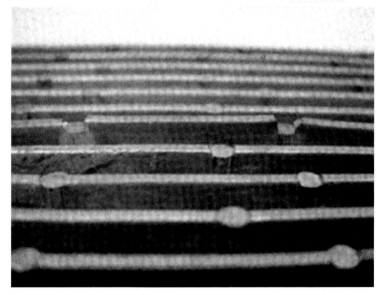顶出

［说明］

打开模具时或者顶出铸件时铸件发生的变形称为顶出变形。

［原因］

1）模具研磨不充分，有过度切削损伤的情况（参照机械拉伤 D136-i）。

2）脱模阻力大。

3）推杆的分布或强度不合适。

［对策］

1）改善铸件的形状（调整拔模斜度）。

2）研磨要彻底（向顶出方向磨）、去除过度切削的部位。

3）提高推杆的强度（增加杆的直径和数量）。

4）调整推杆的分布。

5）提高铸件与推杆接触部位的刚性。

［参考文献］

· H.Tosa, A.Urakami：Transactions,7th SDCE, International Die Casting Congress Paper No.4172(1972)

· 金子昌雄：鉛と亜鉛 66(1975)7

· 坂本勝美，田下　究：鋳物 60(1988)12,747

· 青山俊三，砂田昌弘，坂本勝美，梅村晃由：軽金属 41(1991)6,412

· 青山俊三，杉谷　洋，坂本勝美，梅村晃由：軽金属 43(1993)5,275

· 日本ダイカスト協会「ダイカストの離型に関する調査研究」(1999)

图 F235-1　顶出变形的铸件

81

实例 7 夹杂物（卷入的）、成分偏析

分类编号	缺陷名称			示意图
	中文	日文	英文	
G111-i	金属性夹杂物	金属性介在物	Metallic inclusions	

[说明]

在压铸件内混入与母材化学成分不同的各种尺寸较大的金属或金属间化合物，称为金属性夹杂物。当其硬度明显高于母材时，称为硬点。

[原因]

1. 由渣形成

1）含有 Fe、Mn 和 Cr 等元素的金属液在保温炉中低温保持时，形成的金属间化合物（渣）在坩埚底部沉淀，压铸时把这些化合物卷入铸件而形成。

2）使用铁坩埚时，形成 Al - Si - Fe 系金属间化合物，并混入铸件而形成。

2. 由未溶解的 Si 形成

在添加 Si 等合金元素时，没有完全溶解的合金元素混入压铸件中而形成。

3. 由粗大的初晶 Si 形成

过共晶 Si 系合金等，在低温保持的情况下，析出长大的粗晶 Si，混入压铸件中而形成。

[对策]

1. 渣的对策

1）防止金属液在保温炉中低温保持。

2）加强对 Fe、Mn 和 Cr 等合金成分和杂质成分的控制。

2. 未溶解 Si

1）调整合金成分时，用 Si 的中间合金添加 Si。

2）提高熔炼温度，并采用适当的保温时间使 Si 完全溶解。

3. 粗大初晶 Si

1）提高熔化和保持温度。

2）使保温炉中的金属液温度均匀化（降低偏差）。

3）在熔化炉中添加冷料时，防止在冷的金属锭表面形成附着凝固层。

4）抑制金属液在压室内凝固。

[参考文献]

·D.L.Colwell：Transactions, 2nd National Die Casting congress,No.A-31(1962)

·G.L.Armstrong：Transactions, 2nd National Die Casting congress,No.A-32(1962)

·吉川克之，坂本敏正：軽金属 **33**(1983)10,602

·納 康弘，富田勝三郎，津村善重，鈴木宗男，古屋 茂，永山勝久：軽金属 **36**(1986)12,813

·駒崎 徹，丸山善則，西 直美：鋳物 **67**(1995)9,683

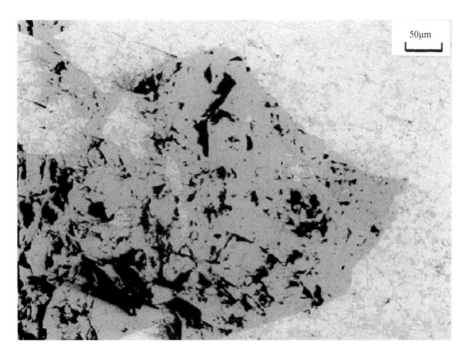

图 G111-1　铸件中混入夹渣

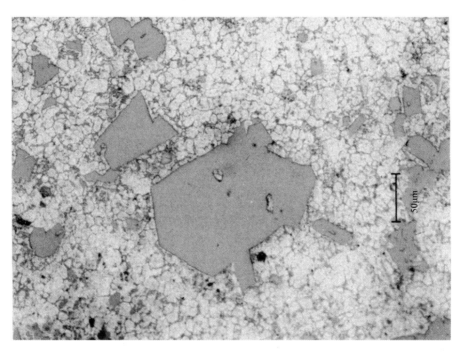

图 G111-2　在铸件中混入粗大初晶 Si

分类编号	缺陷名称			示意图
	中文	日文	英文	
G113-i	偏析豆 （偏析性硬点）	湯玉 （偏析性ハー ドスポット）	Internal sweating	

［说明］

　　在压铸件内形成的球形金属夹杂物，其成分比压铸件母材的平均溶质浓度高，这种缺陷称为偏析豆。在夹杂物的周边可能伴有空洞，夹杂物也可能被氧化膜包围，相当于偏析性硬点缺陷。

［原因］

　　1）飞溅的金属液滴在型腔表面急冷，凝固后和后续的金属液不充分融合而被包围（化学成分和母材的平均成分相同）。

　　2）在型腔内飞溅的金属液滴碰到型腔的表面，一部分因急冷作用而凝固，剩余部分（其化学成分中 Cu 和 Si 等组成元素及 Ca、Mg 和 Na 等杂质元素比较多）继续飞溅并被其他金属液包围。

［对策］

　　1）调整铸造工艺和铸造条件，防止金属液飞溅（喷雾状）。

　　2）控制合金的成分（Ca、Mg 和 Na 等）。

［参考文献］

· 植原寅蔵，菅野友信：軽金属 **52**(1962)62
· 植原寅蔵，菅野友信：軽金属 **53**(1962)55
· 植原寅蔵，菅野友信：軽金属 **55**(1962)36

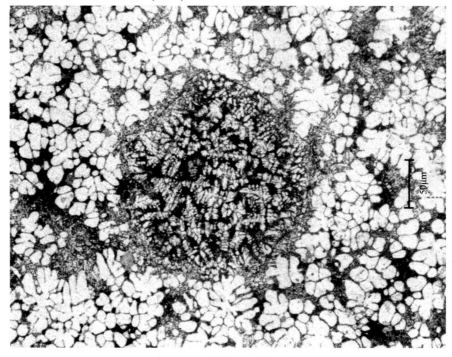

图 G113-1　偏析豆的微观组织

84

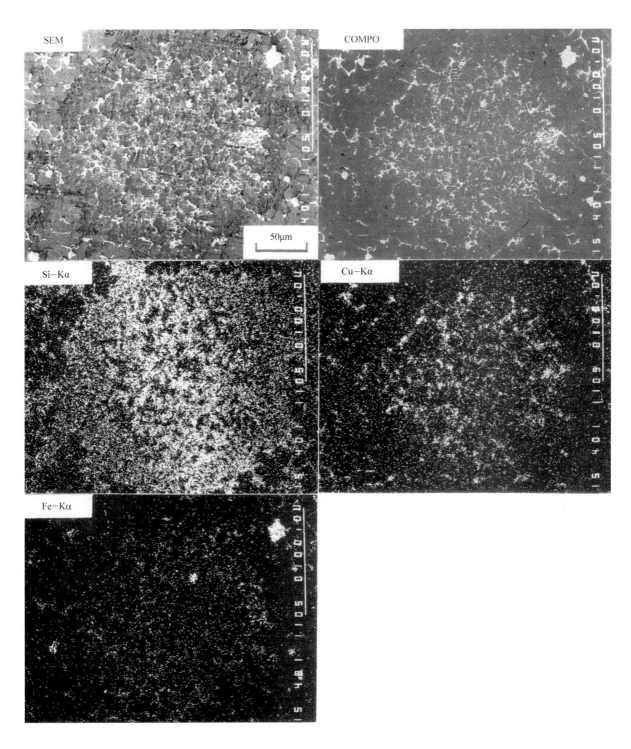

图 G113-2　偏析豆的 EPMA 成分分析

分类编号	缺陷名称			示意图
	中文	日文	英文	
（G114-i）	异常偏析 宏观偏析	異常偏析 マクロ偏析	Anomalous segregation Macro – segregation	

［说明］

压铸件在厚壁等凝固缓慢的部位形成的合金元素浓化现象称为宏观偏析或异常偏析，当浓化的金属液被挤到铸件表面时称为逆偏析（D161-i）。

［原因］

在压铸件的最后凝固处形成的低熔点合金元素浓化的金属液，由于压力作用被挤出。

［对策］

1）调整铸造参数（金属液温度、铸造压力和模具温度等）。

2）改善铸件的形状。

3）优化铸造工艺。

4）如果形成异常偏析的位置与缩孔的位置相同，则应采取缩孔的对策。

5）合理选择合金种类（选择不易偏析的合金成分）。

6）添加 Ti 和 TiB$_2$ 等晶粒细化剂。

［参考文献］

· 雄谷，松浦，高田，神尾，小沢：軽金属 18(1968)377

· 野本，時末，加藤：軽金属 29(1979)70

· 鈴木鎮夫，西田義則，白柳 格，井沢紀久，松原弘美：軽金属 32(1982)395

· 藤井 満，藤井則久，森本庄吾，岡田千里：軽金属 36(1986)353

· 西 直美，江越義明，高橋庸輔：日本鋳物協会第 110 回全国講演概要集(1986)91

· 西 直美，江越義明，高橋庸輔：日本鋳物協会第 112 回全国講演概要集(1987)105

· 西 直美，江越義明，高橋庸輔：ダイカスト 96(1987)24

· 日本機械工業連合会，素形材センター：「軽合金鋳物，ダイカスト技術の最近の進歩」(1989)48

· C.P.Hong, H.F.Shen and I.S.Cho：Metallugical and Metals Transactions A 29(1998)339

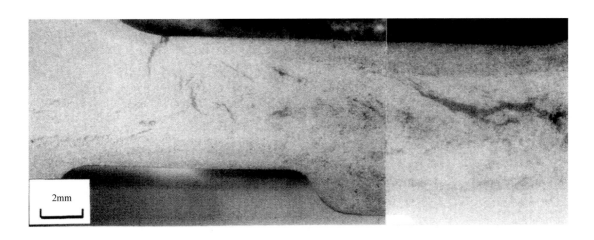

图 G114-1　异常偏析部位的宏观组织

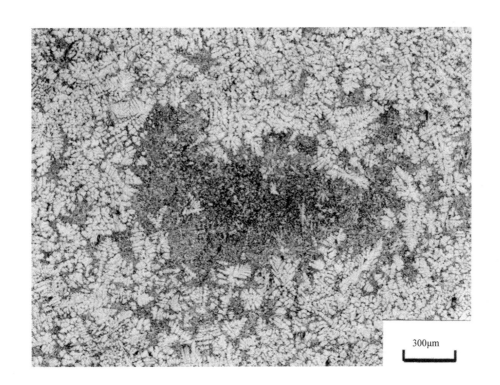

图 G114-2　异常偏析部位的微观组织

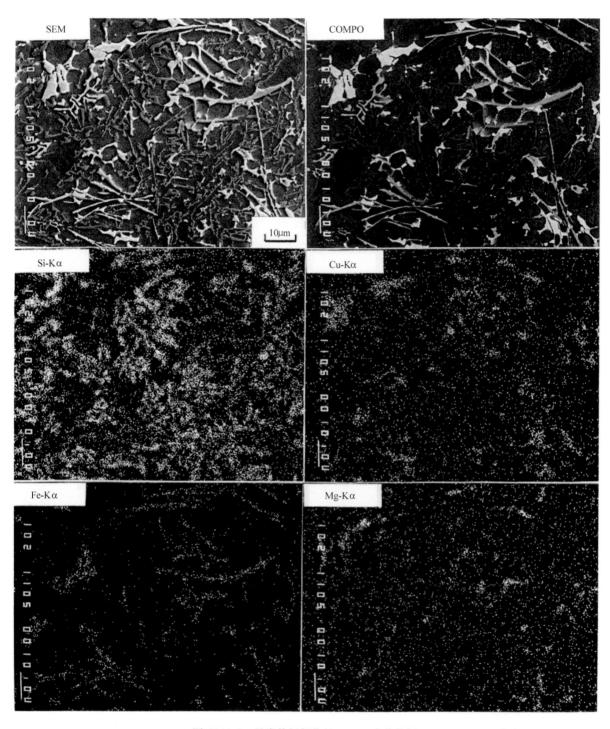

图 G114-3　异常偏析部位的 EPMA 成分分析

分类编号	缺陷名称			示意图
	中文	日文	英文	
（G115－i）	断裂激冷层 初期凝固片	破断チル層 被期凝固片	Cold flakes Scattered chill structure	

［说明］

通常把压铸件组织间有直线状或圆弧状界面的急冷组织称为断裂激冷层。

［原因］

浇注到压室内的金属液，在接触压室壁时就形成了凝固层，由于压力压射作用被破碎，混入型腔内。

［对策］

1. 抑制金属液在压室内形成凝固层

1）提高金属液的设定温度。

2）缩短压射滞后时间（从金属液浇入压室到压射开始的时间）。

3）提高压室内的填充率。

4）加强压室的保温（加热压室）。

5）使用隔热类的润滑剂。

6）合理选择合金种类（凝固温度范围宽的金属不易产生断裂激冷层）。

7）调整合金成分。

2. 防止破碎的凝固层混入压铸件内

1）改变浇口形状。

2）调整浇口厚度。

3）在浇道设置环状过滤器。

［参考文献］

·岩堀弘昭，戸沢勝利，山本善章，中村元志：軽金属 **34**(1984)7,389

·岩堀弘昭，戸沢勝利，浅野高司，山本善章，中村元志，橋本正興，上西始郎：軽金属 **34**(1984)9,525

·武田　秀，石原紋三郎，坂本勝美：日本ダイカスト会議論文集 JD84-14(1984)129

·西　直美，佐々木英人，平原俊之，高橋庸輔：鋳物 **60**(1988)12,777

·堀田昌次，猿木勝司，浅野高司，中村元志：軽金属 **39**(1989)3,203

·西　直美，駒崎　徹，高橋庸輔：鋳物 **63**(1991)4,347

·青山俊三，田代政巳，坂本勝美，梅村晃由：鋳物 **64**(1992)10,687

·駒崎　徹，松浦一也，西　直美：鋳物 **65**(1993)3,191

·駒崎　徹，西　直美：日本鋳造工学会研究報告 74（ダイカストの鋳造欠陥と対策）(1994)2

·岩堀弘昭：日本鋳造工学会研究報告 74（ダイカストの鋳造欠陥と対策）(1994)7

·中村元志：日本鋳造工学会研究報告 74（ダイカストの鋳造欠陥と対策）(1994)11

·大池俊光：日本鋳造工学会研究報告 74（ダイカストの鋳造欠陥と対策）(1994)20

·駒崎　徹，丸山善則，西　直美：鋳物 **67**(1995)4,258

·駒崎　徹，浅田　穣，渡辺一彦，佐々木英人，西　直美：鋳物 **67**(1995)10,4689

·T Komazaki, N.Nishi：Transactions, 19th NADCA, International Die Casting Congress　Paper No.T97-072(1997)

·蓮野昭人，浅田　穣，村島　泉，岩国信夫，西　直美：鋳造工学 **71**(1999)7,449

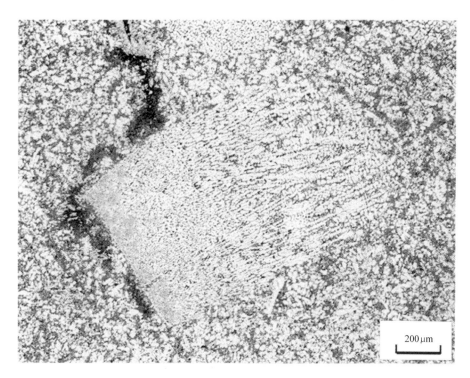

图 G115-1　混入压铸件的断裂激冷层的显微组织

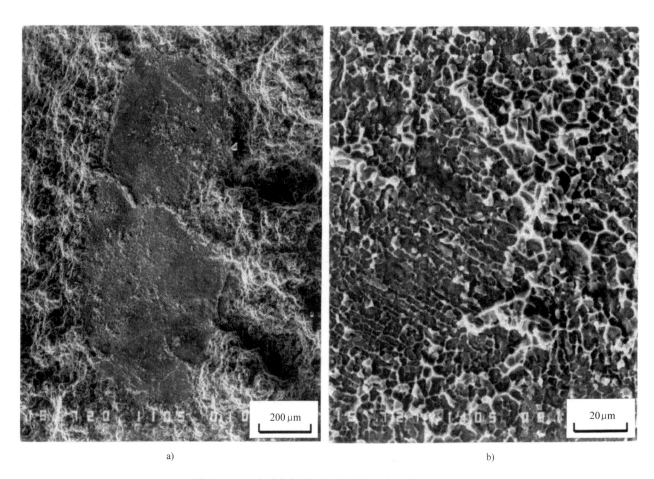

a)

b)

图 G115-2　出现在断裂面上的断裂激冷层的 SEM 照片

90

分类编号	缺陷名称			示意图
	中文	日文	英文	
G121 – i	炉渣 卷入浮渣	炉材， ドロス巻き込み	Refractory, Slag, dross or flux inclusion	

［说明］

把炉衬材料、金属液表面飘浮的浮渣、氧化物，以及处理熔液时生成的熔渣等不规则形状非金属夹杂物称为炉渣。

［原因］

炉衬材料、浮渣、氧化物及处理熔液时形成的熔渣，随金属液一起被倒入浇包。

［对策］

1）彻底去除。

2）防止从熔化炉向浇包注入金属液时卷入炉渣和浮渣。

3）在向保温炉和浇包中注入金属液时使用过滤装置或过滤器。

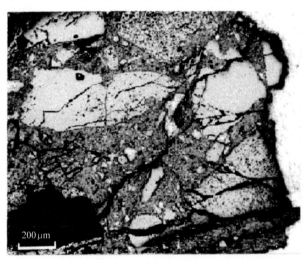

图 G121-1　卷入炉渣

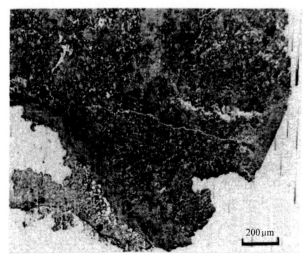

图 G121-2　卷入浮渣

91

图 G121-3　在炉壁生成的氧化物（鬼脸状的熔渣）

图 G121-4　在金属液表面生成的浮渣

分类编号	缺陷名称			示意图
	中文	日文	英文	
G142 – i	卷入氧化皮夹杂	酸化皮膜卷き込み	Oxide film incursion	

［说明］

把在铸件中混入的皮膜状的非金属夹杂物称为卷入氧化皮夹杂。

［原因］

1）熔液处理不充分，返回料的表面氧化膜残留，混入铸件中。

2）在熔化炉、保温炉的金属液表面形成的氧化皮膜在压射时和金属液一起混入型腔。

3）在浇包表面和浇包附着的残留金属液表面形成的氧化膜混入铸件中。

4）在模具型腔残留的飞翅混入铸件中。

［对策］

1）处理熔液时，彻底去除氧化膜。

2）防止氧化皮膜的生成。

3）控制易生成氧化皮膜的成分（Mg 等）。

4）改善浇道方案和浇口形状。

5）在浇包供液时使用过滤装置或过滤器。

6）改变金属液的供液方式（直接供液法等）。

7）注重合模前的吹风。

［参考文献］

·山本直道：日本鋳造工学会研究報告 74（ダイカストの鋳造欠陥と対策）(1994)17

·多田弘一，杉浦博敏，宫地英敏，田下　究，赤瀬　誠，鈴木勝三，坂本勝美：日本ダイカスト
　会議論文集 JD98-28(1998)181

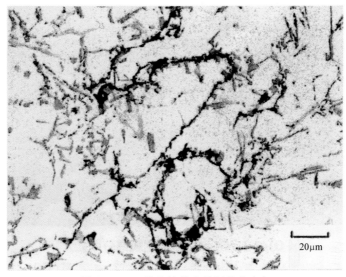

图 G142-1　卷入铸件内的氧化皮夹杂

93

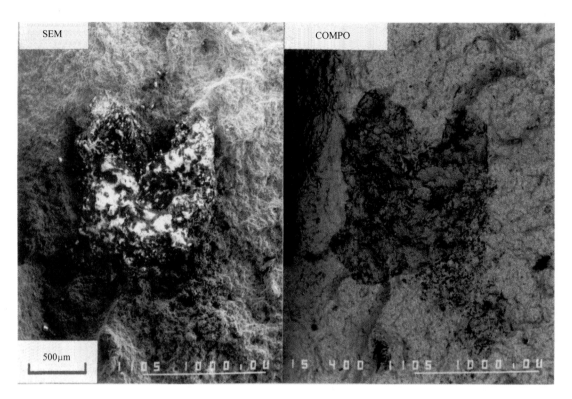

图 G142-2　呈现在断口表面的氧化皮夹杂

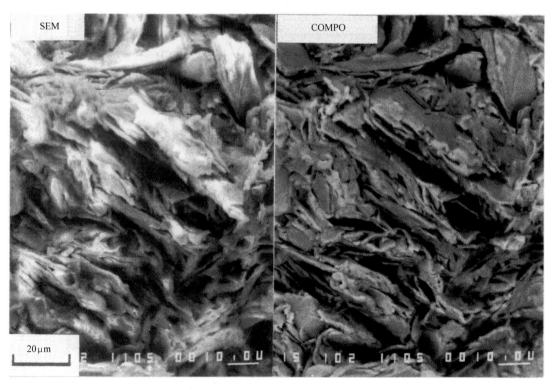

图 G142-3　图 G142－2 的氧化皮夹杂部分的放大

分类编号	缺陷名称			示意图
	中文	日文	英文	
G144 – i	硬点	ハードスポット	Hard spots	

［说明］

压铸件中存在的妨碍切削加工，且加工后光泽与基体明显不同的硬质夹杂物称为硬点。在硬点中分为非金属性、复合性、金属性和偏析性等各种类型，对于金属性硬点和偏析性硬点可参照 G111 – i 和 G112 – i 的各种情况。

［原因］

1. 非金属性硬点

1）混入金属液表面等处生成的氧化物。

2）混入耐火材料和金属液与耐火材料的反应物。

3）混入炉衬材料、涂料材料和它们与金属液的反应物。

4）混入熔渣和粘渣等非金属夹杂物。

5）混入附着在回炉料上的砂和尘粒等异物。

2. 复合性硬点

混入金属液和耐火材料反应、金属液和铁坩埚反应所形成的含金属的异物。

［对策］

1. 非金属性硬点

1）去除金属液表面的氧化物。

2）去除浇包、熔化用具表面的氧化物。

3）选择不与铝反应的炉衬材料和耐火材料等。

4）炉体的耐火砖需定期更换。

5）选择合适的脱氧剂，脱氧处理要彻底，并调整镇静时间。

6）严格管理回炉料（防止附着异物和灰尘等）。

7）去除坩埚和熔化用具表面的氧化物。

8）熔化和铸造场地要彻底清扫。

9）用过滤器等过滤金属液。

2. 复合性硬点

1）使用不与铝反应的耐火砖。

2）去除铁坩埚与金属液接触处的氧化物。

3）对铁坩埚进行涂敷处理。

4）改变坩埚的材质。

5）改变熔化炉和保温炉的形式。

［参考文献］

・大日方一司：軽金属 **12**(1954)74

・大日方一司：軽金属 **18**(1956)76

95

・菅野友信，植原寅蔵：軽金属 **38**(1959)36
・菅野友信，植原寅蔵：軽金属 **39**(1959)57
・菅野友信，植原寅蔵：軽金属 **47**(1961)22
・植原寅蔵，菅野友信：軽金属 **52**(1962)62
・植原寅蔵，菅野友信：軽金属 **53**(1962)55
・植原寅蔵，菅野友信：軽金属 **55**(1962)36
・植原寅蔵：ダイカスト研究発表会 K67-2(1967)
・権田豊作，上中　勲：ダイカスト研究発表会 K31-3(1981)
・佐藤健二：日本ダイカスト会議論文集 JD96-18(1996)121
・日本ダイカスト協同組合：「ダイカストの新技術による品質向上と欠陥製品の解析」(1999)98

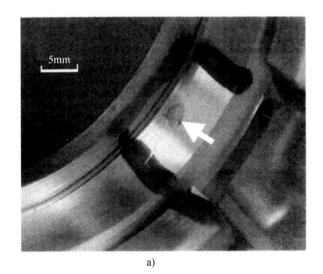
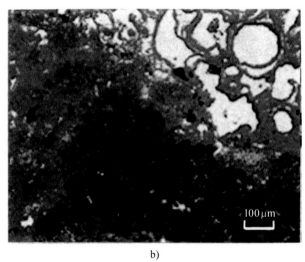

a)　　　　　　　　　　　　　　　　b)

图 G144-1　Al－Mg 系氧化物硬点

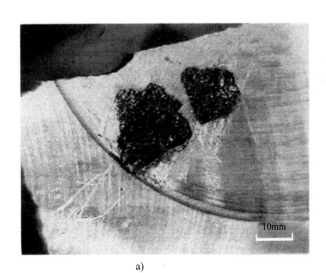
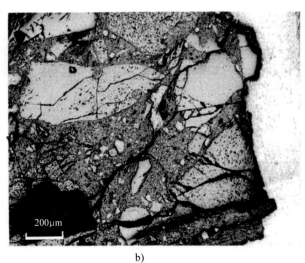

a)　　　　　　　　　　　　　　　　b)

图 G144-2　混入炉渣形成的硬点

a)

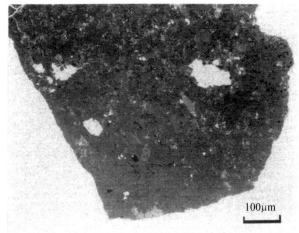
b)

图 G144 – 3　炉衬材料和溶剂反应形成的复合硬点

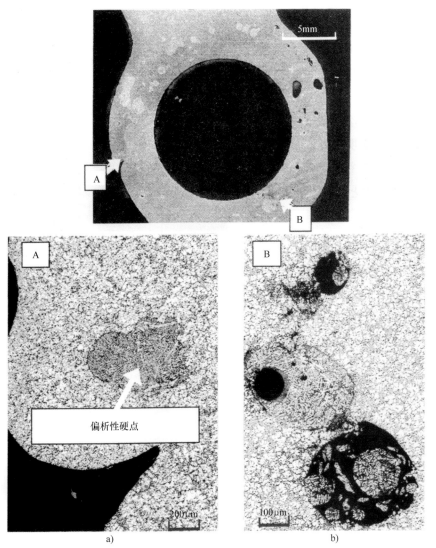

图 G144-4　偏析性硬点

实例 8　其他

分类编号	缺陷名称			示意图
	中文	日文	英文	
（H111 - i）	渗漏 耐压不良	圧漏れ 耐圧不良	Leaker Leakage	

［说明］

　　压铸件在用气体或液体等流体密封试压时，发生流体泄漏的情况称为渗漏式耐压不良，它是各种铸造缺陷的复合作用造成的。在压铸件出现的各种问题当中，这是一种难解决的问题。

［原因］

　　耐压不良的原因见表 H111-1，它是由各种铸造缺陷相互关联形成的。

［对策］

　　表 H111-1 列出了与耐压不良明显相关联的各种铸造缺陷，耐压不良的对策即是对应的各种铸造缺陷的对策，其中对耐压不良影响大的是烧结缺陷和表 H111-2 所示的缺陷。

表 H111-1　耐压不良的原因

	铸造缺陷
外部缺陷	冷裂
	烧结痕
	皱皮
	机械拉伤痕
	两重皮
	剥离，翘起
	表面皱纹，冷隔
	机械热裂纹
内部缺陷	内部缩孔
	气泡
	缩松
	热裂
	断裂激冷层
	硬点
	氧化皮，氧化物
	充型不良

［参考文献］

・E.K.Holz：Transactions,7th SDCE, International Die Casting
　Congress Paper No.4372(1972)

・西　直美，丸山善則，大村博幸：日本ダイカスト会議論
　文集 JD-22(1990)179

・徳珍洸三：日本鋳物協会研究報告 57(ダイカストの鋳造技術に関する研究)(1990)77

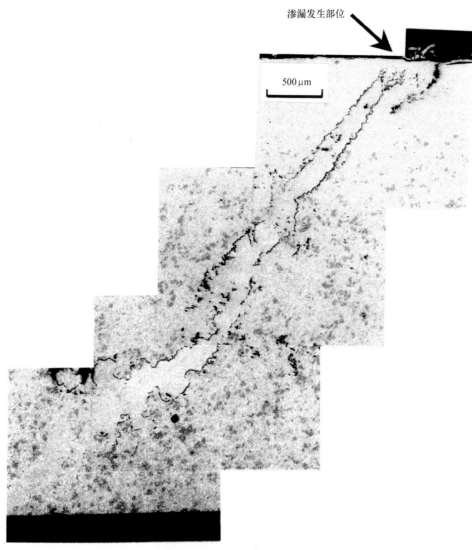

渗漏发生部位

500μm

图 H111-1　由于裂纹引发的渗漏

200μm

图 H111-2　由于内部缩孔引发的渗漏

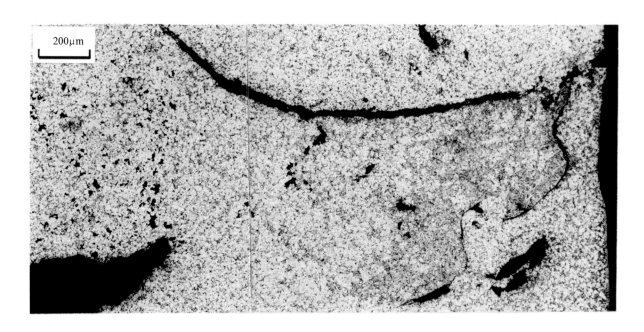

图 H111-3　由于冷隔引发的渗漏

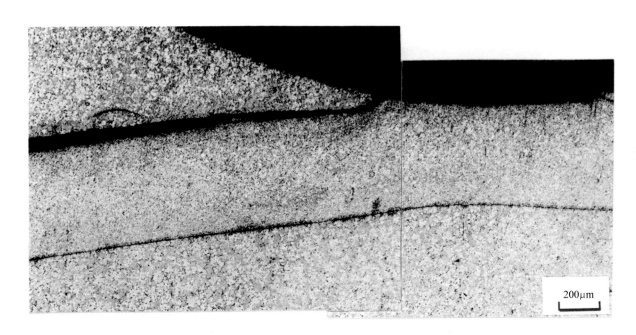

图 H111-4　由于混入断裂激冷层引发的渗漏

表 H111-2　主要耐压不良的对策

基本思路	任务	对策
维持压铸件表面层的健全性	防止烧结、机械拉伤、粗糙表面	1）调整模具的温度 2）改变脱模剂的种类和喷涂方法 3）调整金属液的温度
	防止未充满、充型不良	1）调整模具和金属液的温度 2）缩短浇注到压射的时间间隔 3）调整压射速度
防止渗漏途径的形成	防止气孔缺陷的形成（内部缩孔、气泡、微观缩松）	1）调整浇口厚度，增强料饼的补缩效果 2）调节模具的温度，形成定向性凝固 3）设置局部加压 4）调整压射速度 5）调整模具切削加工时所用的润滑剂，以及压铸时所用脱模剂的种类和用量 6）调整排气方法，抑制反压力 7）进行除气处理
	防止断裂激冷层的形成、混入	1）调整压室和金属液的温度 2）缩短浇注到压射的时间间隔 3）使用隔热系的润滑剂 4）改变浇口和浇道的形状，防止断裂激冷层混入 5）在浇道和浇口设置过滤器和集渣槽
	防止混入夹杂物、氧化物、氧化膜	1）回炉料的管理要严格 2）金属液处理要彻底 3）调整金属液的保持温度和金属液的温度
阻断密封渗漏的途径	根据物理和机械的方法，阻断渗漏的途径	用局部加压阻断路径 1）喷丸 2）进行加热锤击（锤击） 3）进行浸渗处理

第 5 章　压力铸造缺陷、问题及对策的实例

实例 1　解决托架盖铸造气孔的对策

1. 问题

在压铸件 – 托架盖内部经常出现气孔缺陷，多呈现在加工后的加工面上。

2. 生产现状

图 1 所示是本次需要制定对策的托架盖的外观。

模具设计是一模两件，由于受到抽芯结构的限制，铸件按照点对称的形式放置。

因此左右的型腔不能形成完全相同的铸造条件，气孔产生的程度也会有所偏差。

图 2 显示了铸造气孔的产生位置。

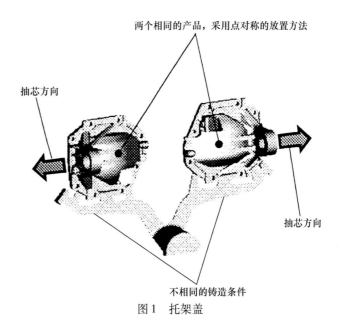

图 1　托架盖

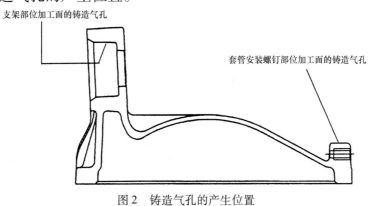

图 2　铸造气孔的产生位置

3. 原因分析

图 3 列出了与铸造气孔形成相关的影响因素。其中最主要的是：

1）铸件的形状和壁厚。

2）浇道（工艺）。

3）排气。

根据以上要素制定对策。

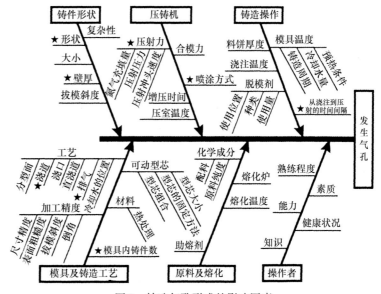

图 3　铸造气孔形成的影响因素

103

4. 解决对策

（1）支架部位

1）在厚壁处通过减肉的方法减掉多余的壁厚，从而防止加工面产生铸造气孔（见图4）。

2）通过设置溢流槽来提高流动性。由于两个型腔产生铸造气孔的程度有很大差别，所以在铸造气孔发生率较高的型腔设置溢流槽（见图5）。

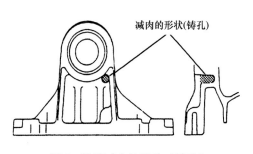

图4　设计减肉的形状（铸孔）

图5　增设溢流槽

（2）套管安装螺钉部位

1）通过改变辅助浇口的位置，使套管安装螺钉部位内部防止气泡生成的效果得以提高。与改变分型面的位置相对应（见图6）。

2）增设熔液流动通道筋，防止空气卷入而形成气孔。因为提高了的流动性，故能够防止在套管安装螺钉部位内残留气体（见图7）。

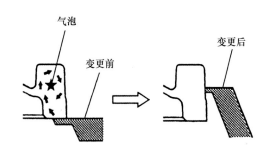

图6　改变辅助浇口的位置

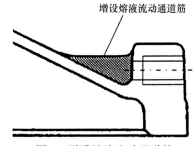

图7　增设熔液流动通道筋

（3）增设排气孔，提高排气效果

在可动镶块和滑块的侧面增设排气孔。

5. 对策的实施结果

图8显示了实施不同对策和相对应的缺陷发生率的变化。

由于以上对策是按照逐渐累加的方式实施的，其对策的效果也是根据累加的效果来评定。其中效果最明显的是增设熔液流动通道筋和溢流槽。此外，改善辅助浇口的形状、加强型腔的冷却和增设型腔内排气装置等措施也能取得相应的效果。

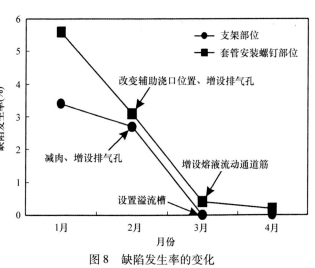

图8　缺陷发生率的变化

实例2 耐压气密铸件缩孔的防止措施

1. 问题

压力铸造的方法具有生产批量化、薄壁化和近终型化等优点，一般是通过薄浇口向型腔内填充金属液。因此，当浇口比铸件先行凝固时，就会导致金属液充填不足，使厚壁处出现缩孔。这种缩孔与图1所示的卷入性气孔不同，它不仅具有不规则的形状，而且缩孔之间具有连通的趋势，成为如图2所示的压缩机部件气密泄露的原因。

图1　厚壁部位的组织　　　　　　　　　　图2　压缩机部件

2. 影响因素的系统图

防止缩孔的产生可通过图3所示的原因来思考对策。一般都是把下面所示的对策组合使用，最具有效果的则是增压和局部加压同时实施。

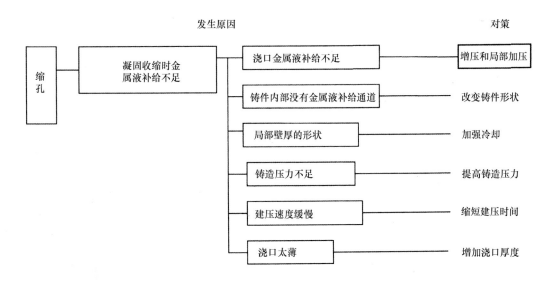

图3　防止缩孔形成的相关因素系统图

105

3. 解决对策

作为防止缩孔发生的对策，本公司采用了如图4所示的最有效果的增压和局部加压并用的压铸方法。

这种铸造方法是通过压射冲头将 Al 熔液填满模具型腔后，使用模具的加压柱塞对铸件直接加压来防止缩孔的形成。

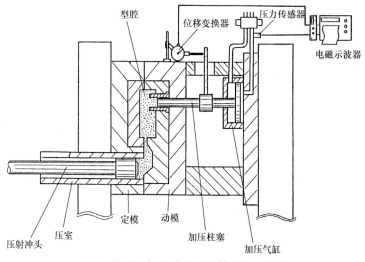

图 4   增压和加压并用的压铸方法示意图

4. 对策的实施结果

根据试验结果，在最合适的条件下进行增压和局部加压并用的压铸方法得到的铸件与普通压铸方法得到的铸件密度分布如图5所示。这是把铸件切成小片来测量的密度数值分布图，由此得知通过增压和局部加压得到的小片密度增加，偏差值也变小。

图 6 所示的是增压和局部加压并用的压铸件的内部品质照片，与普通压铸件的内部品质相比有大幅度的改善，几乎没有观察到缩孔。

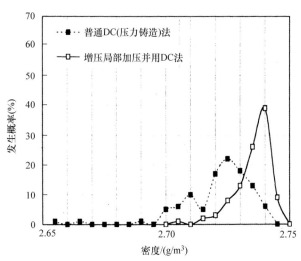

图 5   密度分布的比较结果

图 6   增压和局部加压并用的压铸件的内部品质

实例 3 解决电视机架表面皱纹的对策

1. 问题

电视机架发生表面皱纹的概率为 10% 左右。

2. 生产现状

铸件外观如图 1 所示，铸造工艺示意图如图 2 所示。

1）在发生表面皱纹的部位，其周围很大范围产生飞翅，导致从模具中取铸件时出现事故，使生产线停止。

2）当压射速度高达 2m/s 时，可能会导致表面皱纹产生部位从模具下部喷出金属液，因此把压射速度控制在 1.8m/s。

3）对模具变形的调查发现，模具在冷态合模时，PL 面（分型面）是紧密闭合的。而在铸造时，模具处于温度很高的状态，模具下部的 PL 面（分型面）随着模具的热变形，闭合不再紧密。

4）采用热像仪对模具温度分布进行了检测分析。

3. 原因分析

表面皱纹（见图 3）产生的主要原因包括：

1）压射速度太慢。

2）因铸造飞翅产生故障、生产线停止而导致模具温度降低。

为了解决上述问题，有必要从限制模具热变形的角度来制定对策。此外，根据温度分布的检测结果，与动模相比，定模模具中央部位的温度更高，且温度分布不对称，具有较大的变形（见图 4 和图 5）。

图 1 铸件外观

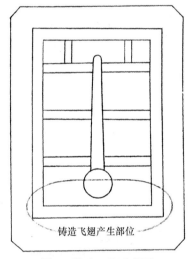

图 2 铸造工艺示意图

 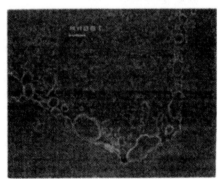

图 3 表面皱纹部位的放大图片

107

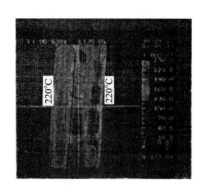
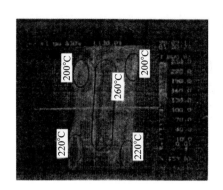

图4　模具温度分布　　　　　　　图5　模具温度分布
（涂敷脱模剂后的定模）　　　　　（涂敷脱模剂后的动模）

4. 解决对策

1）把分布在横浇道之间的大面积的平面改成下凹的形状（见图6）。

2）对定模中心温度高的部位进行冷却（见图7）。

3）改善脱模剂的涂敷方法。

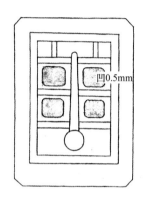
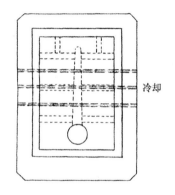

图6　大面积的平面改成下凹　　图7　冷却定模温度高的部分

5. 对策的实施结果

上述对策1）和2）的实施结果显示，定模中心的温度下降（见图8），模具的变形程度减小，铸造飞翅减少，并且模具下部不再出现金属液喷出的情况，压射速度有可能提高至2.4m/s。在此基础上，又实施了对策3），使表面皱纹的出现概率减小至3%（见图9）。

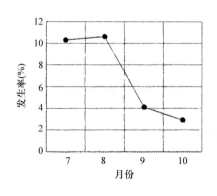

图8　追加冷却后的定模温度分布　　图9　某年7～10月表面皱纹的发生率

实例4　解决气缸表面皱纹的对策

1. 问题

对于气缸件，在缸体的腔室处低速填充的部位产生表面皱纹。

2. 生产现状

气缸的外观如图1所示。滴油孔是润滑气缸盖后的机油向油盘滴落的小孔，因此不允许出现可能导致渗漏现象的表面皱纹等缺陷。但是由于气缸体腔室处在铸造时，以较低的速度填充，流动性不良，所以产生表面皱纹的概率达到了10%。

图2显示了表面皱纹发生部位的外观。

3. 原因分析

推测表面皱纹发生的原因如下：

1）气缸体腔室下侧部位低速填充。

2）气缸体的腔室下侧部位残留脱模剂，导致缸体腔室处过度冷却。

下面根据此推测原因制定对策。

4. 解决对策

（1）缸体腔室下侧部位高速填充

改为高速充型后，尝试去除表面皱纹，结果发现缸体下侧的表面皱纹确实能够减少，但其他部位，特别是缸体上侧部位的表面皱纹增加，反而使得缺陷率增加。

（2）降低缸体腔室处的冷却程度

该对策会导致滴油孔的外壁产生表面皱纹，也会形成因烧结粘模引起的缺肉类缺陷，所以无法降低冷却程度。

（3）提高金属液的流动性

因为上述对策（1）和（2）均不可能实施，故对模具进行了麻面加工，使表面呈凹凸状，从而减少与金属液的接触面积以提高流动性。

将本模具表面加工成表面粗糙度为 $Ra100\mu m$ 的麻面，将拔模斜度小的面加工成表面粗糙度为 $Ra50\mu m$ 的麻面。

5. 对策的实施结果

在表面粗糙度为 $Ra100\mu m$ 的麻面模具中铸出的铸件表面如图3所示。本对策能够防止金属液温度的降低、维持金属液以良好的流动性进行填充、使表面皱纹发生率降到1%以下。

此次进行的麻面处理，在模具温度较低的地方能够起到显著的作用。

图1　气缸

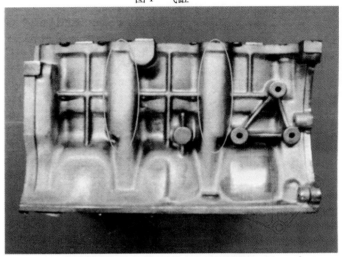

图2　表面皱纹发生部位的外观

图3　实施麻面加工后铸件的表面

实例 5　解决自动变速器箱体铸孔表皮剥离的对策

1. 问题

对于自动变速器箱体，在铸态使用时，铸孔表面会发生表面剥离，在加工时会因残留碎屑造成产品不合格。

2. 生产现状

需要解决问题的自动变速器箱体外观如图 1 所示。

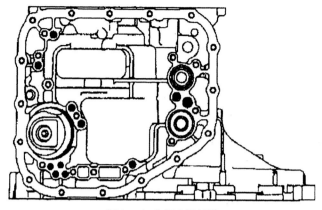

图 1　自动变速器箱体

图 1 所示●的地方代表铸态铸孔（黑皮的油孔）表面产生的剥离层。在加工垂直方向的油孔和用丝锥绞丝加工时，打卷的屑会残留在孔内造成不合格。

图 2 所示是表面剥离部位的外观照片，图 3 所示是剥离部位的微观照片。

图 2　铸孔表面剥离部位的外观

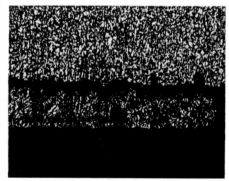

图 3　剥离部位的微观组织（100 倍）

3. 原因分析

图 4 所示是发生表面剥离的机理推测。

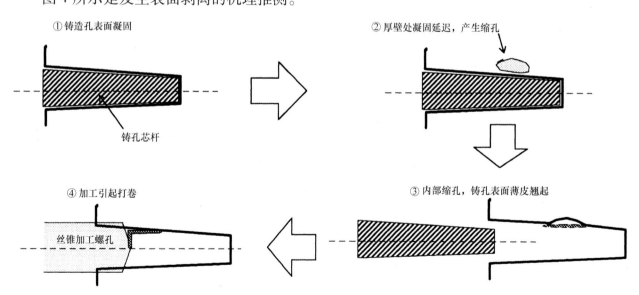

图 4　发生表面剥离的机理推测

110

4. 解决对策

对策的研究如图 5 所示。

采取措施	预想效果	难易度	可能出现的与预想相违背的情况	试验结果
增加脱模剂喷涂量	△	○	出现残留水	△ 有违背
铸孔芯杆内部强制冷却	○	△	发生芯杆断裂等	○ 无违背
缩短建压时间	△	○	出现喷射飞翅	△ 无违背
降低浇注温度	△	○	流动性不好	△ 有违背
延长合模时间	△	○	周期延长	△ 有违背

(左侧分支：不产生剥离现象 → 吸收铸造孔表面的热量促进凝固；铸件内部凝固为同时凝固)

图 5　对策的研究

对上述各项措施，进行了试验验证，确认铸孔芯杆内部强制冷却的措施取得了最好的试验效果，且未出现与预期效果相违背的情况，最后选定该措施为解决对策。

关于铸孔芯杆内部的强制冷却系统（喷气冷却）如图 6 所示。

在直径为 $\phi6mm$ 的芯杆内部设计一个直径为 $\phi3mm$ 的冷却孔，插入直径为 $\phi1.8mm \times \phi1.45mm$ 的定位水管，通入压力为 1MPa 的冷却水，并实施空气加压循环。

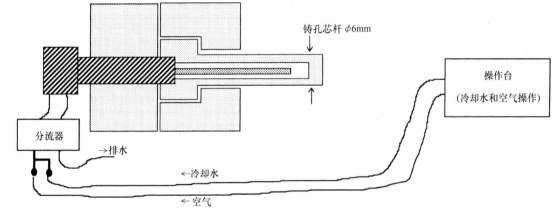

图 6　铸孔芯杆内部的强制冷却系统

5. 对策的实施结果

实施了铸孔芯杆内部强制冷却措施后，铸孔表面不再发生剥离（发生率为 0）。图 7 显示了实施了铸孔芯杆强制冷却措施和未实施铸孔芯杆强制冷却措施的铸孔外观。

今后，应事先利用 CAE 进行研究以判定是否用这套冷却系统。

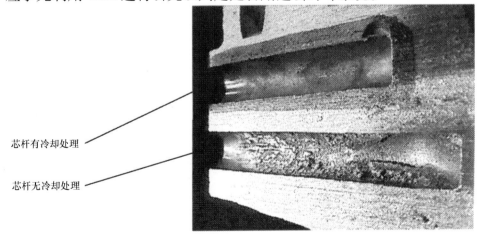

图 7　芯杆有冷却处理与无冷却处理的铸孔外观

111

实例6 解决薄壁汽车电位计游标罩充型缺陷的对策

1. 问题

薄壁汽车电位计游标罩目前是用普通压铸法铸造的，常在电机的安装面（见图1的A部位）和M6螺钉部位（见图1的B部位）出现充型缺陷（见图2、3），这导致铸造废品率很高。

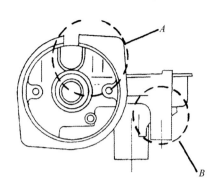

图1 薄壁汽车电位计游标罩外观

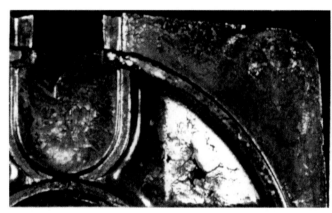

图2 A部位发生的充型缺陷

图3 B部位发生的充型缺陷

2. 生产现状

图1所示是本次出现问题的薄壁汽车电位计游标罩示意图。本产品的平均壁厚为1mm，根据铸造理论，必须在0.01～0.02s的极短时间内，将Al熔液填充到模具型腔内。对铸件缺陷的详细调查结果表明：①在产生充型缺陷的周围能观察到许多卷入性气孔；②熔液在填充型腔的时候，压铸机的压射压力会上升（见图4的tfp范围），由此可判断填充熔液时型腔内的背压阻碍了熔液的充型。

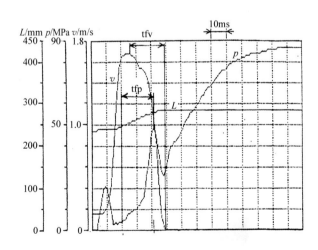

图4 高背压部位的压射压力波形

112

3. 解决对策

作为防止充型缺陷的对策，选择如图 5 所示的真空压铸法是适用的。

针对该类缺陷采用的真空压铸法是在压射冲头前进的过程中使其停止，随后使真空排气系统进入排气状态。为了防止金属液在压室内温度降低，采用在压射冲头低速前进的同时进行真空排气的方法。附注：型腔内所达到的真空度为 360kPa。

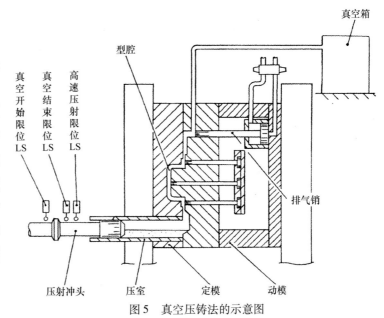

图 5　真空压铸法的示意图

4. 对策的实施结果

图 6 所示是用真空压铸法铸造时的压射压力波形。与普通压铸法相比可知，金属液在填充时受到的背压抵抗较小，压射压力未出现上升。此外，由图 7、图 8 显示，产品的充型状态得到了大幅度的改善，不合格品发生率减少至原来的 1/10。

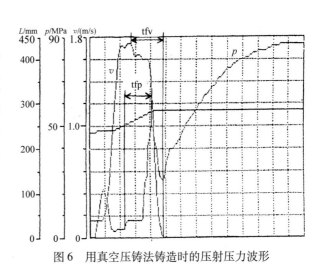

图 6　用真空压铸法铸造时的压射压力波形

图 7　实施对策后产品 A 部位的外观照片

图 8　实施对策后产品 B 部位的外观照片

实例7　冷却管除垢防止烧结的对策

1. 问题

模具内部的冷却管随着铸造次数的增加，内部会产生水垢或氧化膜等附着在管的内壁上。水垢的形成会导致冷却管的管径变窄、冷却水的流量变小，从而使冷却水和模具之间的热传递效率变低，模具表面的温度也会渐渐升高，导致容易发生烧结现象。

2. 生产现状

针对批量生产中使用的模具铸孔芯

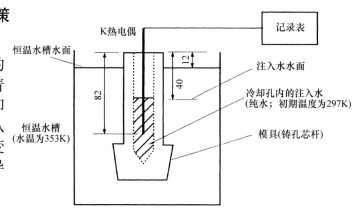

图1　导热性测定装置示意图

杆，对其水垢的堆积状况、水垢成分和导热性（冷却效率）的劣化做了调查研究。在图1所示的装置中，测定了已经附着水垢的冷却管的导热性。试验的方法是，将铸孔芯杆的冷却管内装满纯净水，浸入353K的恒温水槽中，通过测量冷却管中的水温来对导热性进行评价。测定的结果见表1，与全新的冷却管相比，附着水垢的冷却管导热性降低了20% ~ 30%。此外，观察冷却管的内部，在冷却管的前端部，水垢的厚度约为0.1mm；在距前端10 ~ 20mm处，水垢的厚度约为1.0mm，且该处水垢的主要成分为$CaCO_3$；在冷却管的根部附近，水垢主要由Fe_2O_3堆积而成。

3. 原因分析

据推测，水垢是由于在模具温度很高处的冷却管内水沸腾，而使得溶解在其中的无机物析出附着形成的。由表2可知，作为水垢主要成分的物质的热导率只能达到模具钢热导率的1% ~ 2%这样低的数值。所以，冷却管上附着1mm厚的碳酸盐水垢，相当于将冷却管设置在距型腔面50mm的位置，微量水垢的堆积就能使冷却能力显著下降。而且，由于冷却管的内径变得狭窄，冷却水量的减少使冷却能力进一步下降。

表1　导热性的测定结果

试验模具		注射次数	导热性	
			导热量/cal①	相对导热量
			30s	30s
气缸铸孔芯杆	新品	0	222	100
	1	44000	180	81
	2	19000	185	83
	3	15000	167	75
	4	15000	157	71

注：所谓相对导热量是把新品作为100时的导热量。

① 1cal = 4.1868J。

4. 解决对策

开发除水垢的装置。

（1）原装置的不足

我们以前使用的是市场上销售的除水垢装置，但因出现了如下的问题而无法继续使用。

1）清除时间过长（4h ~ 4天）。

2）安全性差（盐酸系被指定为有毒性的药液）。

3）药液泄漏（模具的破裂部位和连接部位）。

4）需要花费安装时间（把50根以上的管，用软管夹箍固定等）。

（2）现装置的优点

从以下几方面显示本次所开发装置的长处。

1）药液。将高速气体和硬质粒子导入冷却管内去除水垢这样的机械除水垢方法，会存在损伤水管和损坏水管间连接的问题，因此选用了用药液溶解水垢的方法。从药液的溶解能力、安全性、废水处理、成本和供货稳定性的角度对市面上销售的药液（8种）进行了研究筛选。筛选的结果，选用了去除性能好、成本低、非毒性、废液能中和处理的有机酸系药液。

表2　水垢的热导率

组成	热导率/[W/(m·K)]
碳酸盐系水垢	0.47 ~ 0.70
硅酸盐系水垢	0.23 ~ 0.47
硫酸盐系水垢	0.58 ~ 2.3
模具钢（SKD）	23.3 ~ 34.9

2）药液循环装置　本次开发的药液循环装置示意图如图2所示。

① 吸取循环。如果通过加压的方式使药水循环，会在连接部位以及模具开裂部位发生药水泄漏，所以选用了负压吸取的方式使药水循环。这样既可以防止泄漏，又可以不使用软管夹箍，也方便排出冷却管内残留的药液。

② 导入空气以增加冲击力。装置不仅通过药水对水垢进行化学溶解，还通过断续地导入高压空气形成气泡来增加机械冲击力，从而提高除垢能力。更进一步的措施是采用隔膜泵，利用液体脉动压力冲击来提高除垢效果。

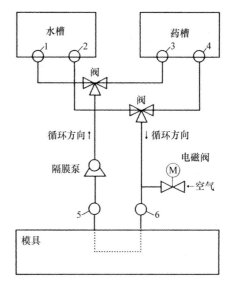

图2　药液循环装置
1—回收口　2—吸取口　3—回收口　4—吸取口
5—出口分流器　6—入口分流器

5. 对策的实施结果

使用本次开发的装置对气缸的铸孔芯杆按照水洗5min→药液清洗（0.5、1.0、2.0h）→水洗5min的步骤进行了水垢清除。清洗后铸孔芯杆内部的截面照片如图3所示。当清洗时间为0.5h和1h时，水垢（白色部位）不能完全除尽；当清洗时间为2h时，水垢基本能去除干净，并能看见铁质表面。检查除垢后的冷却管导热性能，能够恢复到全新时的95%以上。

对于很容易出现烧结现象的模具，需要定期进行维护。特别是对于容易出现高温且通水量较少的铸孔芯杆中的细径冷却管，在铸造过程中采取一面接入药液循环装置，一面用冷却水冷却这种除垢方式，会取得明显的效果。更进一步的措施是引入水软化装置从一开始就将水中的无机物去除。

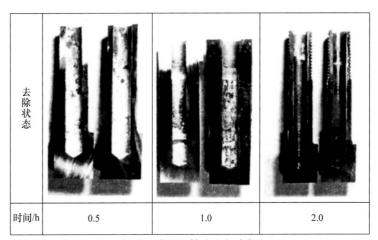

去除状态			
时间/h	0.5	1.0	2.0

图3　清洗后铸孔芯杆内部
（白色部位为附着的水垢）

6. 参考文献

用水废水便覧编集委員会编：「改訂第二版　用水废水便覧」丸善株式会社(1973)

115

实例8　应用型腔温度分析防止烧结的对策

1. 问题

压铸不仅对品质和精度有高要求，还强烈希望降低成本。但模具被暴露在高温铝合金熔液中，很容易发生烧结现象。尺寸精度和表面粗糙度的劣化等，不仅直接降低了品质和精度，而且为了去除烧结会迫使压铸机停止工作，或是出现烧结引起的芯杆折断和模具破损等，从而导致生产效率低下，加大生产成本。

2. 生产现状

可以列举出很多以往发生烧结的影响因素，如：模具温度、熔液材质、熔液温度、浇口方案、铸造压力、压射速度和脱模剂等。其中很多报告都提出应很好地应对烧结发生部位的模具表面的高温。但是仍没有很好地确定发生烧结时的模具温度，以及如何使模具保持在此温度以下的冷却设计方案。

3. 原因分析

因为模具温度过高，脱模剂的附着量少，无法发挥出脱模效果，所以铝熔液容易和模具发生熔灼反应，促进烧结的形成。

4. 解决对策

应用计算机的计算分析（下文简称 CAE 分析）对模具的表面温度进行预测，将预测的结果和产品烧结的发生部位相对应，确定烧结的临界温度。在采取对策的铸型中，通过改变冷却回路和冷却条件反复进行 CAE 分析，设计出能使模具保持在临界温度以下的内部冷却回路，从而防止烧结产生。

5. 对策的实施结果

（1）不同冷却管的传热系数

将铸造时的模具表面温度作为 CAE 分析的输入条件时，不同冷却管中冷却水与模具间的传热系数的确定是很重要的。图1、2研究了冷却管形式（喷流式、直流式）、冷却管孔径和冷却水流速对试验模具传热系数的影响。研究方法是将加热到一定温度的模具以不同的条件进行冷却，在试验模具内部插入热电偶，对模具内的8个位置点进行了温度检测。然后，再用和试验模具相同的模拟模型进行

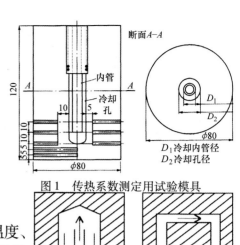

图1　传热系数测定用试验模具
D_1冷却内管径
D_2冷却孔径

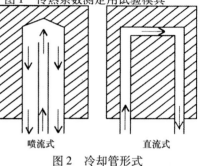

图2　冷却管形式　喷流式　直流式

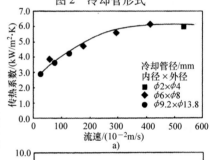

冷却管管径/mm
内径×外径
■ $\phi2\times\phi4$
◆ $\phi6\times\phi8$
● $\phi9.2\times\phi13.8$

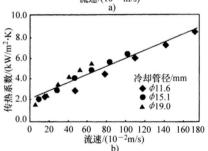

冷却管管径/mm
◆ $\phi11.6$
● $\phi15.1$
▲ $\phi19.0$

图3　冷却水与模具间的传热系数
a）喷流式　b）直流式

CAE 分析，求出当模具的试验温度与模拟模型温度一致时的传热系数。得到的不同冷却管的冷却水与模具之间的传热系数如图3所示。结果表明，冷却水与模具间的传热系数与冷却管的孔径无关，而与冷却水的流速相关。

（2）模具表面产生烧结的临界温度

把现行产品做成模拟模型进行 CAE 分析，对比模具 CAE 分析的最高温度位置与发生烧结的实际位置，当两者一致时将模具温度作为产生烧结的临界温度，结果见表1。当

表1　烧结产生的临界温度

铸件名称	定模			动模		
	623K以上	583K以上	543K以上	623K以上	583K以上	543K以上
铸件 A	×	●	●	○	●	●
铸件 B	×	○	●	×	○	●
铸件 C	—	—	—	×	○	●
铸件 D	—	○	●	×	○	●
铸件 E	×	×	●	○	●	●
铸件 F	×	○	●	○	●	●

注：×表示烧结位置预测范围不足；●表示烧结位置预测范围过大；○表示烧结位置与预测范围基本一致；—表示无烧结现象。

把发生烧结的临界温度定为543K时，CAE预测的烧结区域要比实际产生烧结的区域宽得多；当把发生烧结的临界温度定为623K时，实际烧结的部位没有包含在CAE预测的范围内。这就表明当把CAE分析中模具表面发生烧结的临界温度定为583K时，能大致预测烧结产生的部位。

（3）根据CAE分析结果设计模具内部的冷却方式

为使CAE分析预测的铸造模具表面温度低于先前设定的临界温度，需要对铸造模具的内部冷却方式进行设计，因此对设计中所考虑的冷却管的设置位置、数量和管径等影响因素进行了研究。其中的一个研究实例如图4所示。图中显示了喷流式冷却管（管径分别为$\phi 10.5$mm和$\phi 22.5$mm）的位置、冷却水与模具之间的传热系数和根据CAE分析得到的模具表面温度的关系。冷却水量是流速和管截面积的乘积，相同管径下水量可由流速表示。由图3可知流速更能表征冷却水与模具之间的传热系数，故相同管径冷却管的冷却水量可以用冷却水与模具之间的传热系数来替代。当增加模具型腔表面与冷却管的距离时，即使增大冷却水与模具之间的传热系数（增加冷却水量）模具表面的温度也很难下降。在改变冷却管数量的试验中，在传热系数相同的情况下，与增大冷却管的管径相比，增加冷却管的数量更能降低模具表面的温度。

（4）根据CAE分析的结果设计模具内部冷却回路的实例

1）交流发电机支架。支架是从模具设计阶段就采用了CAE分析，进行内部冷却回路设计。为在早期设计出合适的冷却回路，进行了如下步骤操作。

① 针对不设计冷却回路的模型计算模具的表面温度。

② 在表面温度高的模具位置设计冷却管，再计算模具的表面温度。

③ 在表面温度超过临界温度的模具位置增加冷却管，进行强化冷却，再计算模具的表面温度。

其结果是通过4次模拟，设计出了如图5所示的冷却回路。在试生产和批量生产过程中没有发生烧结。

2）两轮车用车架。应用以前的设计制作的模具（Ⅰ型）在图6的A部位出现了烧结现象。根据CAE分析对内部冷却进行了改造，制作了补充型（Ⅱ型）。图6显示了Ⅰ型和Ⅱ型的冷却方式设计图，Ⅱ型能使冷却管数量从39根减少至30根，并能防止烧结。

6. 参考文献

松浦良树，吉田伸一，門野英彦，慶島浩二：（社）日本鋳造工学会　研究報告74「ダイカストの鋳造欠陥と対策」(1996)，132

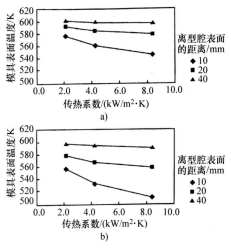

图4　冷却管的位置、冷却水与模具间的传热系数和模具表面温度的关系

a）冷却管径为$\phi 10.5$mm

b）冷却管径为$\phi 22.5$mm

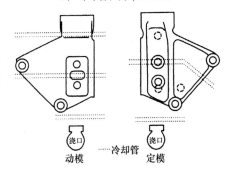

图5　实例1 交流发电机支架

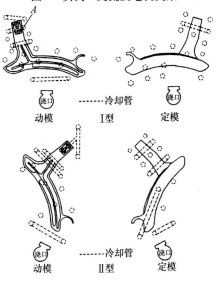

图6　实例2 二轮车车架

实例9 用表面处理方法增加铸孔芯杆使用寿命的对策

1. 问题

图1所示压铸件（气缸盖）浇口附近2个区域（浇口正对面芯杆A：$\phi 7 \times 58$，距A不远处芯杆B：$\phi 5.2 \times 518$）的铸孔芯杆出现烧结现象，不仅影响铸件外观和尺寸精度，还由于要对烧结处进行打磨处理，而降低了生产率。

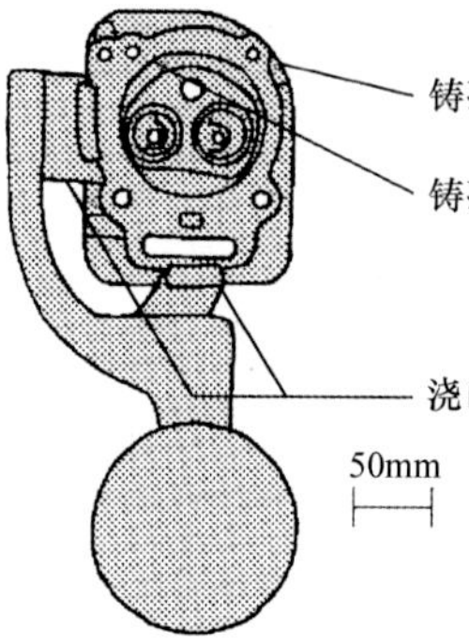

2. 生产现状

通常对铸孔芯杆（SKD61）进行真空渗氮处理，处理的芯杆在使用一个生产周期（经过约5000次金属液冲击）后进行更换，每个生产周期内模具平均打磨3次。

图1 产品形状

3. 原因分析

由于距离浇口太近，金属液填充时铸孔芯杆受高温金属液冲击，引起以下问题：①芯杆的表面温度过高会使芯杆材料熔于金属液（corrosion）。②高速金属液对芯杆形成机械磨损，造成熔损（erosion）。

4. 解决对策

因芯杆直径很细，难以进行内部冷却，故决定采取表面处理对策。对经过处理的铸孔芯杆浸泡在金属液中进行试验，并对3种受侵蚀较轻的铸孔芯杆表面处理方法进行了评价。

1) 盐浴软氮化 + 喷丸硬化（以后称为SP）+ PVD（CrN）。

2) 发蓝处理（Fe_3O_4氧化膜）。

3) 盐浴浸硫渗氮。

经以上表面处理的铸孔芯杆，经过一个周期（平均5000次金属液冲击）的铸造生产后，对铸孔芯杆进行回收，作为一次试验。对每种表面处理的芯杆试验3次，3种表面处理的方式总共9次试验，对每一种表面处理每个生产周期的试验做出评价。铸造条件见表1。根据以下要点对烧结（熔损）进行评价。

（1）铸造评价

1) 铸造试验中的烧结发生情况（模具打磨间隔）。

2) 铸造试验后铸孔芯杆上的Al合金熔液的附着量。

3) 铸孔芯杆的熔损减量（去除Al合金附着层后）。

（2）EPMA观察（铸造试验后）

表面处理层和Al合金熔液接触部位的断面观察。

5. 对策的实施结果

（1）铸造试验中的烧结发生情况（模具打磨间隔）

表1 铸造条件

压铸机	冷压室压铸机630t
铝合金	ADC12
金属液温度/K	938
铸造压力/MPa	70
压射速度/(m/s)	1.8
通过浇口的速度/(m/s)	75
压射冲头杆/mm	$\phi 90$
凝固时间/s	11

烧结性的试验是对每种表面处理后的铸孔芯杆进行3个铸造周期试验，并对浇口附近的铸孔芯杆A的打磨次数进行了统计，模具打磨间隔（3个生产周期总铸造次数/3个生产周期模具总的打磨次数）的结果见表2。结果显示，盐浴软氮化+喷丸硬化+PVD处理的结果最好，其后依次是盐浴浸硫渗氮和发蓝处理。

表2 铸造试验中模具的打磨间隔

表面处理方法	模具总打磨次数	总铸造次数	模具打磨间隔
盐浴软氮化 + 喷丸硬化 + PVD	0次	14826批次	>14826批次
发蓝处理	16次	17358批次	1085批次
盐浴浸硫渗氮	2次	15559批次	7780批次

（2）铸造试验后铸孔芯杆上的Al合金附着量和熔损减量

对试验前后铸孔芯杆的重量，和在常温饱和NaOH溶液中将Al合金附着层除去后铸孔芯杆的重量进行了测量。Al合金的附着量（试验后芯杆的重量－除去Al合金附着层后芯杆

的重量）和熔损减量（试验前重量 – 除去 Al 合金附着层后的重量）见表 3。

表 3　试验后铸孔芯杆的 Al 合金附着量和熔损减量　　　　　　　　（单位：g）

表面处理方法	Al 合金附着量	熔损减量
盐浴软氮化 + 喷丸硬化 + PVD	0.03	0.03
氧化处理	0.10	▼0.35
盐浴浸硫渗氮	0.05	▼0.03

注：▼表示减量，无标记表示增量。

（3）表面处理层和 Al 合金熔液接触部位的截面观察

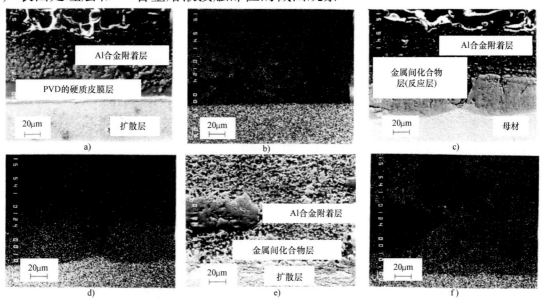

图 2　铸造试验后的表面处理层和 Al 合金附着量
a）盐浴软氮化 + SP + PVD　b）盐浴软氮化 + SP + PVD（Fe – Kα）　c）发蓝处理（Fe₃O₄）
d）发蓝处理（Fe₃O₄）（Fe – Kα）　e）盐浴浸硫渗氮　f）盐浴浸硫渗氮（Fe – Kα）

观察铸造试验后铸孔芯杆的表面处理层和 Al 合金附着层的横断面，得到 SEM 照片和 Fe 元素面分析图如图 2 所示。

1）盐浴软氮化 + SP + PVD（见图 2a 和 b）

由于 PVD 硬质表皮层的存在，阻断了 Al 合金附着层与盐浴软氮化层间形成扩散层，因而没有观察到盐浴软氮化层和 Al 合金产生金属化合物（反应）层，也没有发现基体的熔损。

2）发蓝处理（见图 2c 和 d）

铸造试验前氧化物层消失，Al 合金附着层与铸孔芯杆母材之间形成厚厚的金属间化合物（反应）层。Fe 元素的截面分布图表明，在母材、金属间化合物（反应）层及 Al 合金附着层中，Fe 含量呈阶梯变化。

3）盐浴浸硫渗氮（见图 2e 和 f）

表面处理时的化合物层消失，Al 合金到达扩散层。未观察到类似氧化处理的金属间化合物（反应）层，在 Al 合金附着层内弥散着很多细小的 Al – Fe 金属间化合物。

（4）结论

1）用烧结发生情况（模具打磨间隔）、Al 合金的附着量和熔损减量三项指标评价，所得结果相同，均显示盐浴软氮化 + SP + PVD（CrN）的效果最好。

2）若 Al 合金熔液和铸孔芯杆母材直接接触发生反应，会形成金属间化合物层，从而引起烧结缺陷率急剧上升。为防止产生烧结现象，形成 PVD（CrN）这样不活泼的膜，以硬质表皮层阻断模具与金属液接触反应的方法，将取得很好的效果。

6. 参考文献

熱間工具材料の表面層の改善研究部会共同研究成果発表会講演概要集，(財)日本熱処理技術協会（1998）

实例 10　解决自动变速器箱体残缺的对策

1. 问题

对于自动变速器箱体铸件，断裂激冷层在浇口处残留，会使铸件在加工时经常会发生断裂激冷层脱落。

2. 生产现状

自动变速器箱体的外观如图 1 所示。在背面盖的安装面因为有密封 O 形环，因此加工后一定不能出现气孔等缺陷。但受模具结构的制约，在背面盖的安装面设计了浇口，因而在压室内生成的凝固层残留在浇口处，致使铸件在加工时发生残留凝固层脱落，变成凹形而无法形成 O 形环。残缺问题发生率最高可达 2%。图 2 显示了残缺部位的外观。图 3 显示了残缺部位的微观组织。

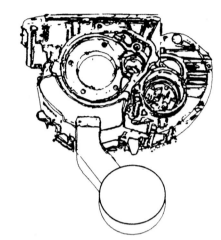

图 1　自动变速器箱体

3. 原因分析

图 4 显示了产生断裂激冷层的相关因素，最主要的原因用 ◎ 表示。

1）压室温度。

2）熔液在压室内的停留时间。

3）熔液保持温度。

根据以上原因选择相应的对策。

4. 解决对策

1）停止对压室的冷却，或者加热压室。

对压室有、无冷却及用筒形加热器对压室进行加热这 3 种情况下压室内的温度进行了测量（见图 5）。结果显示，有冷却时压室温度为 100 ~ 150℃；停止内部冷却时，压室温度为 300 ~ 350℃；使用加热器加热时，压室温度为 350 ~ 380℃。

2）缩短熔液在压室内的停留时间。

让浇料勺靠近注液口附近，可使熔液浇注到压室腔内的速度加快，从而使熔液在压室内的保留时间从 3s 缩短至 2s。

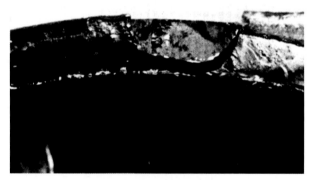

图 2　残缺部位的外观

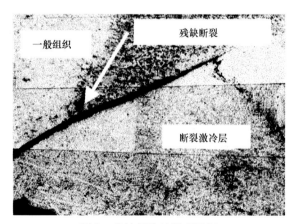

图 3　残缺部位的微观组织

3）提高熔液保持温度。

在模具内部加强冷却，能防止铸件厚壁处产生热裂，还可将熔液温度从660℃升至665℃。

5. 对策的实施结果

对上述对策进行组合后，形成4种应对方案，表1显示了方案1~方案4的实施效果。方案1是停止压室冷却和缩短在压室内的停留时间0.5s，加工后残缺的发生率减少至1.5%以下。方案2将压室内的停留时间再缩短0.5s至2s时，缺陷发生率可低至0.3%。此外，在方案2的基础上加上方案3，将熔液保持温度提升5℃，残缺发生率可低至0.05%。

方案4是通过筒形加热器对压室进行加热，会造成芯杆划伤及漏电等故障，所以无法实现批量生产而被终止。最终结果是采用缩短熔液在压室内停留时间的方案，这样可大幅度降低残缺发生率。

在此基础上增加流道的容量、使浇口薄壁化，以及加长挡圈的长度等也都起到了很好的效果。

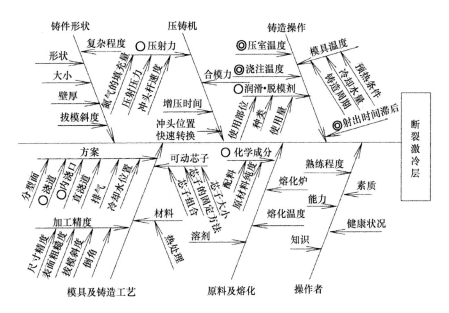

图4　产生断裂激冷层的相关因素

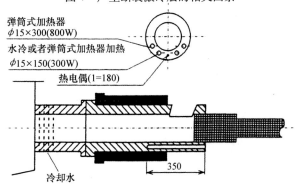

图5　由加热器对压室进行加热

表1　对策的实施结果

对策项目		以往	方案1	方案2	方案3	方案4	备注
压室	有冷却	○					
	无冷却		○	○	○		
	加热					○	发生冲头杆机械拉伤
压室内停留时间/s	3.0	○					
	2.5		○				
	2.0			○	○	○	
熔液保持温度/℃	660	○	○	○			
	665				○	○	
加工后残缺的发生率（%）		2.0	1.5	0.3	0.05	0.05	

注：向压室浇注熔液所需要的时间是2s。

121

实例11 解决模具镶块倾斜的对策

1. 问题

为减少后续加工程序而采用复杂结构的模具铸造铸件的情况逐渐增多。其中，在模具镶块由型芯的铸孔芯杆贯通形成铸件时，由于镶块前端的倾斜造成铸件的变形，导致铸件不合格的问题较多，使生产效率下降。

2. 生产现状

铸件的外观如图1所示。本产品的模具是由数个型芯的铸孔芯杆从定模及动模左右两侧贯通的结构形成。而且，定模和动模都是由多个镶块组合构成。出现问题的是图1中圆圈所示的镶块部分，详细放大图如图2所示。此镶块在3个部位设计了铸孔芯杆的贯穿孔，其中中间部位镶块前端发生了与铸孔芯杆进入方向相同的倾斜。倾斜的发生频率不规则，即使在新模具中也会发生，平均间隔4000次压射倾斜一次。

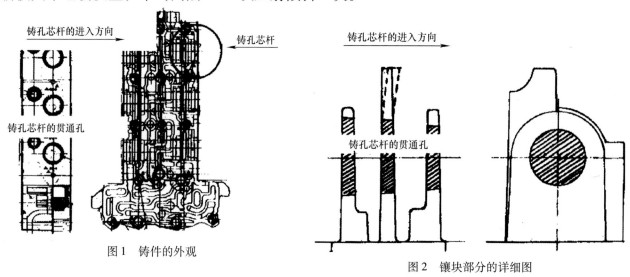

图1 铸件的外观

图2 镶块部分的详细图

3. 原因分析

这个铸件的铸造条件见表1。

（1）推测原因

从相关的图中探讨镶块倾斜原因，首先，从铸孔芯杆和贯通孔之间的间隙入手。在铸造前装配模具时，先把铸孔芯杆插入贯通孔中，再确定此时的间隙（0.03 ~ 0.05mm）。此间隙是在常温下确定的，在铸造时随着模具温度的上升而发生热胀冷缩，间隙大小也会发生变化。也就是说，在高温时无法保持合适的间隙，因此可以推测这与镶块倾斜有关。

（2）CAE热变形分析

上述的推测在CAE热变形分析中得到了验证。热变形分析的条件见表2，形状模型如图3所示。形状模型仅为发生倾斜部分的模型。运用软件为ANSYS莎益博工程系统开发有限公司。

表1 铸造条件

压铸机/t	800
铸件材质	ADC10
模具材质	SKD61
冲头杆直径/mm	$\phi 80$
熔液温度/K	933
铸造压力/MPa	82
充型速度/（m/s）	23

表2 热变形分析的条件

要素类型	8节点6面体固体
要素数	1605
节点数	1056
弹性模量/GPa	210
泊松比（横向变形系数）	0.33
线胀系数/10^{-6}/K	11

把图 3 中的两种模型设定的限制条件做如下改变：

图 3a 设想只有模具镶块本身发生热变形，模具镶块被镶嵌固定在动模中的部分完全受限。

图 3b 设想在贯通孔中放进铸孔芯杆后发生热变形，在图 3a 限制条件的基础上，贯通孔的一半在圆周方向再受到（芯杆）限制。

此外，关于温度条件，将图 3a 和 b 两个模型中模具镶块位于动模之中那部分的温度设为 473K，其他部分的温度设置成 423K（参考在其他场合中实施的凝固分析结果）。比较热变形前的常温模型和设定温度条件后热变形的模型，求出其变形量，作为评定方法。两种限制条件下的热变形如图 4 所示。贯通孔由于热变形在箭头所示方向偏移了 0.18mm。此外，在放进铸孔芯杆状态下的贯穿孔与铸孔芯杆之间的间隙扩大了约 0.08mm。根据上述结果判断模具镶块前端发生倾斜的过程如下：

1）因为热变形使贯通孔位置发生偏移，铸孔芯杆向贯通孔插入时对模具镶块产生干涉致使模具镶块前端发生倾斜。

2）当铸孔芯杆放进贯通孔后发生热变形时，两者之间的间隙变大，于是 Al 熔液钻入，产生飞翅，在下次压射时，飞翅粘在铸孔芯杆和模具镶块之间，致使模具镶块前端倾斜。

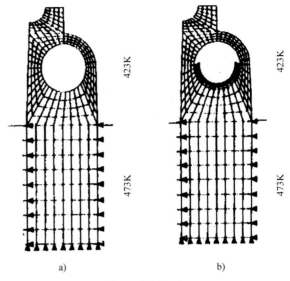

a)   b)

图 3   形状模型

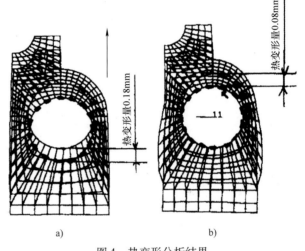

a)   b)

图 4   热变形分析结果

4. 解决对策

基于 CAE 的验证考虑了相应的对策，将其中部分对策表示在表 3 中。实施此类对策后，模具镶块前端的倾斜问题能够基本消除。

表 3   解决对策

序号	项目	内容
1	改变贯通孔和型芯铸孔芯杆之间的间隙	在常温下把铸孔芯杆放进贯通孔时，针对贯通孔热膨胀在贯通孔偏移的反方向增大（0.15mm）的间隙
2	改善去除飞翅的方法	为除去模具镶块孔中残留的飞翅，平面顶杆在顶出铸件后继续向前推进，从平面顶杆前端吹出空气将飞翅去除
3	改变铸造条件（激冷和喷涂时间等）	设定使模具温度变化幅度减小的铸造条件

实例 12　解决细铸孔芯杆折断的对策

1. 问题

汽车发动机是把空气和汽油进行混合的化油器部件（见图1），采用压铸方法连续生产该产品时经常会出现铸孔芯杆折断的现象，从而给生产带来不利影响。

2. 生产现状

在连续压铸生产时，铸孔芯杆的平均耐用次数是1400次，无论是局部加压的推杆还是其附近细的铸孔芯杆（直径 $\phi2.7mm \times$ 长度38mm）都是如此。图2显示了铸孔芯杆的折断情况，图3显示了铸孔芯杆的断裂面。由此可知：①观察到铸孔芯杆出现机械拉伤。②断裂起点位于机械拉伤铸孔芯杆的中间部位。③在断裂面出现了疲劳断裂特有的疲劳纹。④此外，针对局部是否加压对铸孔芯杆的弯曲情况进行研究，可知在没有局部加压时，铸孔芯杆不发生（芯杆从根部向尖端弯曲）弯曲，实施局部加压时铸孔芯杆则发生弯曲。综上可知，铸孔芯杆的折断是在机械拉伤引起的拉伸力和局部加压引起的弯曲力作用下引发的疲劳断裂。

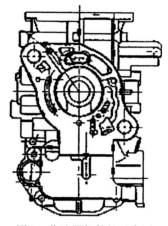

图1　化油器部件的示意图

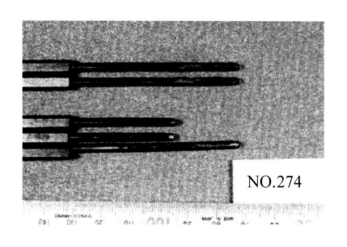

图2　铸孔芯杆的折断情况

图3　铸孔芯杆的断裂面

3. 原因分析

引起机械拉伤的相关要素如图4所示。本次选择了不影响铸件形状和品质的两项措施作为对策，一是对铸孔芯杆进行表面处理；二是将铸孔芯杆材质更换为高温强度高的材料，以应对铸孔芯杆在熔液中受热抗拉强度下降的问题。

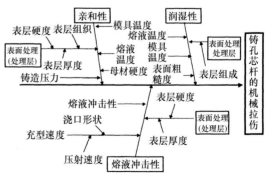

图4　引起机械拉伤的相关要素图

4. 解决对策

（1）改变铸孔芯杆的表面处理工艺

对铸孔芯杆的表面处理工艺是：先对SKD61进行调质处理，使其硬度达到45±2HRC，然后进行扩散渗氮处理。对各种表面处理的芯杆进行熔损试验，以选定耐熔损性高的表面处理工艺。熔损试验是把试验材料（对规格为 ϕ11mm×90mm 的SKD61材料进行调质处理获得40HRC的硬度后再进行各类表面处理）浸入温度为650℃的ADC10铝熔液中，在公转的同时使其自转，公转速度为100r/min。每隔30min取出一次，共取3次，再将附着的Al用30%的NaOH水溶液去除，在电子天平上测量损失的重量，以此评定其熔损性。

图5所示为各类试验材料的熔损试验结果。耐熔损性能最高的为CrN，与扩散渗氮相比熔损量仅为其3/1000。CrN耐熔损性能高的原因是它相比Ti系更难与Al形成化合物，因此Al也更难附着。

（2）改变铸孔芯杆的材质

铸孔芯杆的材质是经调质处理获得的硬度为45±2HRC的SKD61，为应对铸孔芯杆在铝熔液中受热使抗拉强度下降的问题，而改用了高温强度很高的热锻用钢YXR33。表1显示了SKD61和YXR33的力学性能。YXR33具有比SKD61高大约2倍的高温强度（650MPa）。

5. 对策的实施结果

对铸孔芯杆表面进行CrN处理，把材质换成YXR33后进行压铸，结果见表2。与变更前相比，变更后耐用次数延长至以前的12倍左右，达15000次。据此，将连续压铸生产使用的铸孔芯杆定期更换次数定为13000次，从而有效地防止了铸孔芯杆的折断事故。并且，铸孔芯杆的成本和更换费用也降低了，总费用降低了90%。

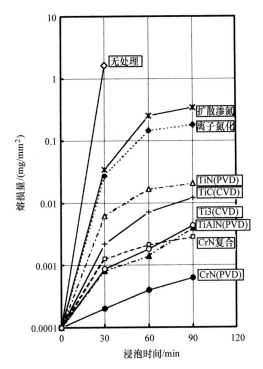

图5　各种材料的熔损试验结果

表1　SKD61和YXR33的力学性能

材质	硬度　HRC	700℃时的抗拉强度/MPa
SKD61	46	300
YXR33	56	650

表2　铸孔芯杆的改善效果

	变更前	变更后
芯杆表面处理	扩散渗氮	CrN
芯杆的材质	SKD61	YXR33
耐用次数	约1300次	约15000次
芯杆的费用比	1	1/3
更换芯杆的费用比	1	1/12
芯杆的总费用比	1	1/10

6. 参考文献

「ダイカスト鋳抜きピンのカジリ対策」トヨタ自動車株式会社　宮地雅史、関　章、田村茂樹。

日立金属(株)技術資料 No331。

实例 13　解决自动变速器箱体断裂激冷层的对策

1. 问题

断裂激冷层侵入自动变速器箱体铸件的内部，导致在其机械加工面上出现冷隔。

2. 生产现状

自动变速器箱体的外观如图 1 所示。随动活塞缸和蓄能缸的内孔表面是密封部位，所以一定不能出现气孔等缺陷。但压室生成的凝固层在铸造时侵入到铸件内部后被包裹在这个部位，在加工时密封面就会露出冷隔缺陷。在随动活塞缸和蓄能缸的位置，断裂激冷层所引起的不合格率约占总不合格率的 60%。

图 2 显示了在加工面所产生的断裂激冷层的微观组织。

3. 原因分析

产生断裂激冷层的影响要素如图 3 所示。

如图 4 所示，从压铸机旁边的保温炉向压室内浇注金属液，测量压室内金属液从浇注到压射前的温度变化，并模拟分析金属液在不同材质的压室内的凝固情况，逐步找出对金属液温度贡献率大的因素。

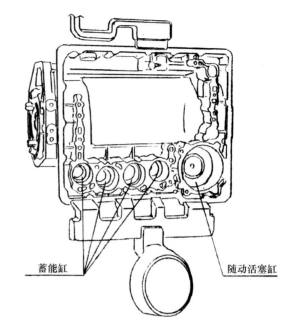

图 1　自动变速器箱体

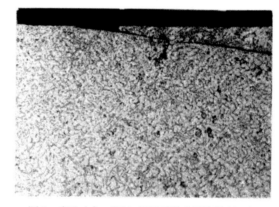

图 2　产生在加工面上的断裂激冷层的微观组织

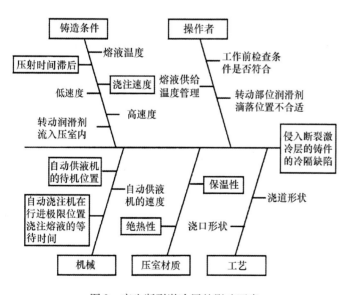

图 3　产生断裂激冷层的影响要素

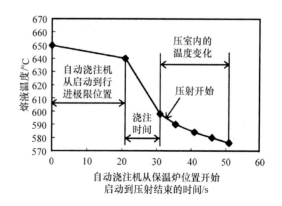

图 4　压铸过程中熔液温度的变化

4. 解决对策

首先设计制订了能够快速确认对策实施效果的评价方法。为了研究铸造过程中这些部位的断裂激冷层的发生情况，用加工中心尝试边加工边进行腐蚀，并对断裂激冷层的大小进行评定统计。但是对产品的破坏检查和评价过程相当耗时，工作量巨大。于是开始针对流道的断裂激冷层的面积比率进行研究，用铣床边加工边腐蚀，并与前面研究方法所得结果进行对比和相似性研究。结果证明用流道部位进行评定与用工件实际发生部位进行评定的相似度相当高。

以下是本次所采用对策的概述。

（1）采用陶瓷压室

根据凝固分析，模拟使用陶瓷压室，浇注到压室内的金属液 3s 内的凝固厚度能够减少 33%，热压室可减少 10%，因此决定采用效果好的陶瓷压室。

（2）缩短浇注时间

金属液在向压室浇注时温度会急剧下降。于是在压室浇口处设置了防止金属液溢出的板，并将浇注时间从 10s 减少至 7s。

（3）缩短从浇注到压射的时间间隔

为防止熔液在压室内温度下降，将从浇注到压射的时间间隔从 3.6s 缩短至 1.6s。

（4）自动供液机在炉内待机

将浇料勺从炉子上改为放置在炉内，防止金属液在浇料勺内温度下降。

（5）自动供液机在行进极限位置上浇注无等待

控制合模动作与供液机动作协调一致，防止因自动供液机在行进极限位置上等待浇注，而导致浇料勺内金属液温度下降。

5. 对策的实施结果

在试验结果中将浇注时间定为 $X1$，压射时间后滞设为 $X2$，自动供液机在行进极限位置上浇注的等待时间作为自变量，流道处的断裂激冷层面积比率作为因变量 Y，并进行回归分析。

关系式为

$$Y = 1.598X1 + 4.935X2 - 14.073$$

根据对方差数据统计表的研究，得到方差的显著水平为 1% 的结果，可确认缩短浇注时间和从浇注到压射的时间间隔对控制缺陷具有明显的效果。此后针对批量产品研究了对策实施的效果。

图 5 显示了实施对策前后产品不同部位出现的不合格情况的明细。实施对策前不合格率占比最高

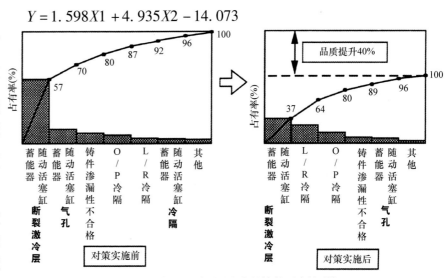

图 5　不同位置不同原因造成的铸件不合格明细

的断裂激冷层缺陷，在实施对策后其发生率降低了将近 60%，总不合格率也因此降低了 40%。

但此部位缺陷发生率的占比仍然很高，今后在注意措施对其他部位影响的同时，应进一步缩短浇注时间。

实例 14 降低引起强度偏差的铸造缺陷的对策

1. 问题

将金属液高速射入模具型腔的压铸法具有生产批量化、薄壁化和近终形化等优点，但存在铸造缺陷多和强度偏差大的缺点，在 JIS（日本铸造标准）中该值仅作为参考值记载。该偏差的下限值（平均值 $-\Delta\sigma$）是 108MPa。

2. 生产现状

众所周知，铸造缺陷会对强度造成影响，从图 2 所示的圆盘状铸件切出拉伸试验棒（JIS14B 号试验棒），观察断面上铸造缺陷的大小和铸造品质，并研究它们和抗拉强度之间的关系。

将铸造缺陷在光学显微镜和电子显微镜下观察，计算出缺陷的总面积。其结果是：

实体抗拉强度和铸造缺陷大小的关系可用如下公式表示

$$X_0 = 313.5 - 2.69X_2 - 16.8X_4 - 15.21X_5 \cdots$$

图 1 断面中观察的断裂激冷层

式中，X_0 为抗拉强度（MPa）；X_2 为铸件内部的气体含量（$cm^3/100gAl$）；X_4 为断裂激冷层的大小（mm^2）；X_5 为气孔的大小（mm^2）。

此外，要使铸造缺陷引起的强度偏差降低 1/3，就必须将断裂激冷层（见图 1）、气孔的面积控制在 $1mm^2$ 以下，产品内的气体量在 $5cm^3/100gAl$ 以下。

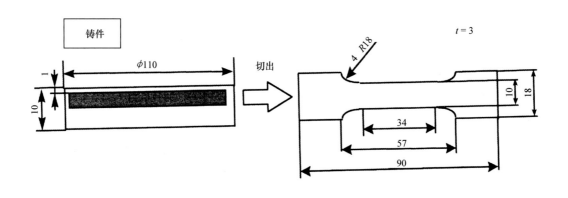

图 2 强度试验棒的形状

3. 解决对策

为了防止引起强度下降的各类铸造缺陷的产生，开发出了如图3所示的高真空压铸法和压室绝热涂料涂覆法。

（1）高真空压铸法

为了实现产品内部的气体含量在 $5cm^3/100gAl$ 以下，开发出了如图4所示的截止杆式高真空压铸模具。

（2）压室绝热涂料涂覆法

为了防止在压室内 Al 熔液的凝固，开发出了具有绝热性能的压室涂料，同时，为实现稳定的涂覆，开发出了如图5所示的涂覆装置。

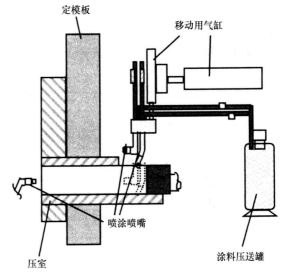

图3　影响强度的铸造缺陷及其防止技术措施

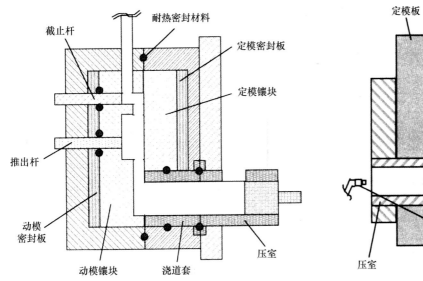

图4　高真空压铸模　　　　　　　　　图5　压室绝热涂料的涂覆装置

4. 对策的实施结果

针对如图2所示的防止铸造缺陷的技术措施进行铸造试验，所得铸件品质的评价结果见表1。结果显示，在实现了减少铸造缺陷目标值的同时，强度偏差变为原来的1/3，且偏差下限值变为250MPa（还实施了T5（高温成形＋人工时效）处理）。

表1　铸件品质的确认结果

项目	目标值	最大缺陷值
铸件内部的气体含量/（cm^3/100gAl）	5 以下	3.3 以下
断裂激冷层/mm^2	1 以下	检测不出
气孔/mm^2	1 以下	0.38 以下

129

第 6 章　压力铸造缺陷、问题及对策的参考文献

分类编号	铸造缺陷、问题	参 考 文 献
A111-i	飞翅	・日本ダイカスト工業協同組合：「ダイカストにおける鋳ばりの発生と対策」(1992)38-63
A113-i	网状飞翅	・高橋冬彦　他2名：日本熱処理技術協会「熱間工具材料の表面層の改善研究部会共同研究成果発表会講演集」(1998),143 ・矢幡茂雄　他2名：日本熱処理技術協会「熱間工具材料の表面層の改善研究部会共同研究成果発表会講演集」(1998),153 ・野坂洋一　他2名：日本熱処理技術協会「熱間工具材料の表面層の改善研究部会共同研究成果発表会講演集」(1998),161
(A321-i)	鼓胀 鼓泡	・日本ダイカスト協会：「クーラー用Aボディ熱処理時のふくれ不良の低減」(QCストーリーでまとめた不良対策事例集)(1989)49 ・素形材センター：「カバーの鋳造工程不良低減」（軽合金鋳物ダイカストの生産技術）(1993)556 ・軽金属学会研究委員会「高圧鋳造アルミニウム合金鋳物の実体強度及び製造における問題点と経済性」(1998)51, 53, 56
B111-i	气泡 卷入气孔 气眼 气孔	・菅野友信，植原寅蔵：「自動車部品ケースの鋳巣防止対策」アルミニウム合金ダイカストの不良対策／百問百答 (1978)45 ・奥村俊彦　他1名：「トルコン部品厚肉部の巣対策」鋳物 61(1989)12,952 ・木村末一　他6名：「トランスファケース鋳巣不良の低減」鋳物 64(1992)289 ・橋本欣次：「Alダイカスト製品の低速充てんについて」(非鉄鋳物の技術動向と欠陥対策事例 1990-1992)日本鋳物協会東海支部非鉄鋳物研究部会(1992)52 ・川上郡司　他4名：「ダイカスト製品の鋳巣不良の低減」鋳造工学 68(1996)8,701 ・日本ダイカスト協会：「バルブボディの鋳巣の低減」(QCストーリーでまとめた不良対策事例集)(1989)54 ・吉沢富士雄：「鋳巣対策事例」日本鋳造工学会研究報告 74(ダイカストの鋳造欠陥と対策)(1996)42 ・井川秀昭　他2名：「射出条件解析によるガス欠陥対策」日本鋳造工学会研究報告 74(ダイカストの鋳造欠陥と対策)(1996)46 ・林　史晃：「射出及びベントの変更によるガス欠陥低減」日本鋳造工学会研究報告 74(ダイカストの鋳造欠陥と対策)(1996)52 ・浅井孝一：「品質工学法で解析したエアーベントによるガス欠陥の低減効果」日本鋳造工学会研究報告 74(ダイカストの鋳造欠陥と対策)(1996)56 ・北川　宏：「スクイズ鋳造による鋳造欠陥対策」日本鋳造工学会研究報告 74(ダイカストの鋳造欠陥と対策)(1996)75 ・軽金属学会研究委員会「高圧鋳造アルミニウム合金鋳物の実体強度及び製造における問題点と経済性」(1998)49
B221-i	内部缩孔	・素形材センター：クーリング作戦による408ボディ不良の低減」（軽合金鋳物ダイカストの生産技術）(1993)560 ・大坪　信：「部分加圧によるポロシティ対策」鋳物 61(1989)12,950 ・加藤吉彦　他6名：「アルミシリンダブロックの斜め油孔部ひけ巣不良対策」鋳造工学 69(1997)6,528 ・井川秀昭：「引け巣を発生させない」日本鋳造工学会研究報告 74(ダイカストの鋳造欠陥と対策)(1996)157

分类编号	铸造缺陷、问题	参 考 文 献
B221-i	内部缩孔	・志賀紀男：「引け巣をつぶす」日本鋳造工学会研究報告 74(ダイカストの鋳造欠陥と対策)(1996)132 ・宮原史卓：「HPD への CAE の適用事例」日本鋳造工学会研究報告 74(ダイカストの鋳造欠陥と対策)(1996)161 ・辻　眞：「局部加圧ピン制御装置について」日本鋳造工学会研究報告 74(ダイカストの鋳造欠陥と対策)(1996)132 ・軽金属学会研究委員会「高圧鋳造アルミニウム合金鋳物の実体強度及び製造における問題点と経済性」(1998)46, 48, 62, 54, 55, 58, 59, 62, 63, 67
C221-i	热裂	・素形材センター：「A カバー引け割れ不良の低減」（軽合金鋳物ダイカストの生産技術）(1993)568 ・平田弘行　他 5 名：「アルミニウムシリンダヘッドカバー割れ不良の低減」鋳造工学 70(1998)8,589 ・軽金属学会研究委員会「高圧鋳造アルミニウム合金鋳物の実体強度及び製造における問題点と経済性」(1998)60
C311-i	冷隔	・菅野友信，植原寅蔵：「平板状ダイカストに発生した湯じわ，湯境いの対策」アルミニウム合金ダイカストの不良対策／百問百答(1978)43・日本ダイカスト協会：「150 ボディの不良低減」(QC ストーリーでまとめた不良対策事例集)(1989)40 ・軽金属学会研究委員会「高圧鋳造アルミニウム合金鋳物の実体強度及び製造における問題点と経済性」(1998)52, 65
D113-i	表面皱纹	・菅野友信，植原寅蔵：「平板状ダイカストに発生した湯じわ，湯境いの対策」アルミニウム合金ダイカストの不良対策／百問百答(1978)43 ・日本ダイカスト協会：「鏡筒の湯じわ不良の減少」(QC ストーリーでまとめた不良対策事例集)(1989)8 ・西川芳紀：「プレッシャーダイカスト M/C 昇圧時間の最適条件化による不良対策」(非鉄鋳物の技術動向と欠陥対策事例 1990-1992)日本鋳物協会東海支部非鉄鋳物研究部会(1992)47 ・素形材センター：「カバーの鋳造工程不良低減」（軽合金鋳物ダイカストの生産技術）(1993)556 ・浅井孝一：「ホットスリーブの実施事例」日本鋳物協会研究報告 67(ダイカストの生産技術に関する研究)(1993)66 ・北野　正：「スプレー方式変更による不良低減」日本鋳造工学会研究報告 74(ダイカストの鋳造欠陥と対策)(1996)128 ・松浦良樹　他 3 名：「湯じわ・かじり不良に対する鋳造条件の影響」日本鋳造工学会研究報告 74(ダイカストの鋳造欠陥と対策)(1996)132 ・米澤幹生：「ダイカスト用金型の冷却システムの改善」鋳造工学 71(1999)365
D135-i	烧结 烧结痕	・佐々木英人　他 1 名：日本熱処理技術協会「熱間工具材料の表面層の改善研究部会共同研究成果発表会講演集」(1998),133 ・高橋冬彦　他 2 名：日本熱処理技術協会「熱間工具材料の表面層の改善研究部会共同研究成果発表会講演集」(1998),143 ・矢幡茂雄　他 2 名：日本熱処理技術協会「熱間工具材料の表面層の改善研究部会共同研究成果発表会講演集」(1998),153
(D136-i)	机械拉伤 机械拉伤痕	・菅野友信，植原寅蔵：「電気部品シャーシの変形およびかじり対策」アルミニウム合金ダイカストの不良対策／百問百答 (1978)36

分类编号	铸造缺陷、问题	参 考 文 献
(D136-i)	机械拉伤痕 机械拉伤	・冨士田義夫：「ダイカスト鋳抜きピンの寿命延長」(非鉄鋳物の技術動向と欠陥対策事例 1990-1992)日本鋳物協会東海支部非鉄鋳物研究部会(1992)28 ・井川成彦：「ダイカスト鋳抜きピンのかじり，消耗対策でのピン寿命延長」日本鋳物協会研究報告 67(ダイカストの生産技術に関する研究)(1993)102 ・松浦良樹　他3名：「湯じわ・かじり不良に対する鋳造条件の影響」日本鋳造工学会研究報告 74(ダイカストの鋳造欠陥と対策)(1996)132 ・宮地雅史　他2名：「ダイカスト鋳抜きピンのかじり対策」日本鋳造工学会研究報告 74(ダイカストの鋳造欠陥と対策)(1996)185
D141-i	缩陷	・素形材センター：「サイドウインドモールの鋳造工程不良の低減」(軽合金鋳物ダイカストの生産技術)(1993)572
(D143-i)	凹陷 反飞翅 飞翅凹陷	・福部英治　他1名：「ダイカスト鋳物の初期充てん層の剥離現象」日本鋳造工学会研究報告 74(ダイカストの鋳造欠陥と対策)(1996)99
(D144-i)	剥离 翘起	・菅野友信，植原寅蔵：「産業機器部品カバーの鋳ばりの食い込み不良の対策」アルミニウム合金ダイカストの不良対策／百問百答(1978)38
(D145-i)	碰伤 磕碰	・立山　巖　他12名：「外観不良流出ゼロ」鋳物 67(1995)7,499 日本ダイカスト協会：「Aエンジンカバーの表面きず不良対策」(QC ストーリーでまとめた不良対策事例集)(1989)19
E111-i	浇不足 轮廓不清晰	・菅野友信，植原寅蔵：「事務用品の部品ベース湯廻り欠陥の原因と対策」アルミニウム合金ダイカストの不良対策／百問百答(1978)41 ・菅野友信，植原寅蔵：「自動車部品カバーの湯廻り欠陥の対策」アルミニウム合金ダイカストの不良対策／百問百答(1978)42 ・横井光義　他1名：「真空ダイカスト法の湯廻り性向上について」日本鋳物協会研究報告 67(ダイカストの生産技術に関する研究)(1993)36 ・軽金属学会研究委員会「高圧鋳造アルミニウム合金鋳物の実体強度及び製造における問題点と経済性」(1998)44
E211-i	破断	・日本ダイカスト協会：「Bサイドカバーのプレス不良低減」(QCストーリーでまとめた不良対策事例集)(1989)84
E221-i	缺肉 残缺 掉肉	・菅野友信，植原寅蔵：「電気部品カバーの欠け込み不良の対策」アルミニウム合金ダイカストの不良対策／百問百答(1978)40
F111-i	收缩率选错	・菅野友信，植原寅蔵：「日用品の寸法過大による不良品」アルミニウム合金ダイカストの不良対策／百問百答(1978)27
F221-i	错边	・菅野友信，植原寅蔵：「計器部品フレームの型逃げによる不良対策」アルミニウム合金ダイカストの不良対策／百問百答(1978)35
F222-i	型芯偏位 偏芯 错位	・菅野友信，植原寅蔵：「家庭用部品ベースのピン曲がり不良」アルミニウム合金ダイカストの不良対策／百問百答(1978)31 ・菅野友信，植原寅蔵：「自動車部品レバーの中子ピン折れ対策」アルミニウム合金ダイカストの不良対策／百問百答(1978)33 ・菅野友信，植原寅蔵：「電気部品フレームのはぐみによる穴位置不良対策」アルミニウム合金ダイカストの不良対策／百問百答(1978)34

分类编号	铸造缺陷、问题	参　考　文　献
F232-i	模具变形	・日本ダイカスト協会：「ビデオデッキ基板の不良対策」(QC ストーリーでまとめた不良対策事例集)(1989)25
F233-i	热变形	・関　篤人　他1名：「ダイカスト製床板の変形とその対策」鋳物 63(1991)12,991
(G114-i)	异常偏析	・軽金属学会研究委員会「高圧鋳造アルミニウム合金鋳物の実体強度及び製造における問題点と経済性」(1998)62
(G115-i)	断裂激冷层	・大池俊光：「破断チル層の除去対策」日本鋳造工学会研究報告 74(ダイカストの鋳造欠陥と対策)(1996)20 ・望月達由：「破断チル層対策事例」日本鋳物協会研究報告 67(ダイカストの生産技術に関する研究)(1993)68
G142-i	卷入氧化皮夹杂	・軽金属学会研究委員会「高圧鋳造アルミニウム合金鋳物の実体強度及び製造における問題点と経済性」(1998)47
G144-i	硬点	・菅野友信，植原寅蔵：「自動車部品カバーに発生したドスポットの対策」アルミニウム合金ダイカストの不良対策／百問百答(1978)46 ・北村　真　他1名：「熔解工程におけるハードスポットの形成」日本鋳造工学会研究報告 74(ダイカストの鋳造欠陥と対策)(1996)172
(H111-i)	耐压不良	・冨士田義夫　他一名：「カーエアコンプレッサ部品の圧漏れ不良対策」鋳物 61(1989)12,948 ・杉野幸博　他6名：「アルミニウムミッションケースの圧漏れの低減」鋳造工学 69(1997)5,447 ・日本ダイカスト協会：「150 ボディの不良低減」(QC ストーリーでまとめた不良対策事例集)(1989)40 ・日本ダイカスト協会：「A ボディの不良の低減」(QC ストーリーでまとめた不良対策事例集)(1989)61 ・日本ダイカスト協会：「ベース圧洩れ不良低減」(QC ストーリーでまとめた不良対策事例集)(1989)72 ・日本ダイカスト協会：「A トランスミッションケースの含浸処理率の低減」(QC ストーリーでまとめた不良対策事例集)(1989)76 ・大島治満：「キャブレタのダイカスト鋳造条件解析」(非鉄鋳物の技術動向と欠陥対策事例 1990-1992)日本鋳物協会東海支部非鉄鋳物研究部会(1992)34 ・杉山直巳：「ダイカスト製品における圧洩れ対策」(非鉄鋳物の技術動向と欠陥対策事例 1990-1992)日本鋳物協会東海支部非鉄鋳物研究部会(1992)40 ・徳珍洸三　他1名：「低速充てん法によるダイカスト鋳物の巣洩れ対策」日本鋳物協会研究報告 67(ダイカストの生産技術に関する研究)(1993)29 ・素形材センター：「B ボディーの圧洩れの防止」(軽合金鋳物ダイカストの生産技術)(1993)576 ・井川秀昭　他1名：「コンプレッサー用気密部品の洩れ対策」日本鋳造工学会研究報告 74(ダイカストの鋳造欠陥と対策)(1996)168

索　引

压铸研究委员会名单

(省去尊称,委员名单以50音续排序)

	委员名单	所属单位
委员长	西 直美	リョービ（株）
干事	青山俊三	（株）アーレスティ研究所
干事	岩堀弘昭	（株）豊田中央研究所
干事	大池俊光	美濃工業（株）
干事	神戸洋史	日産自動車（株）
委员	浅井孝一	中日本ダイカスト工業（株）
委员	穴見敏也	日本軽金属（株）
委员	安斎浩一	東北大学
委员	猪狩隆彰	日本軽金属（株）
委员	打田正己	いすゞ自動車（株）
委员	梅村晃由	長岡技術科学大学
委员	岡田敏和	（株）豊田自動織機製作所
委员	金子昌雄	（社）日本ダイカスト協会
委员	神尾彰彦	東京工業大学
委员	川澄左吉	新東工業（株）
委员	菊池政男	（株）東京理化工業所
委员	岸本吉史	ダイハツ工業（株）
委员	久保木勲	東芝機械（株）
委员	纐纈義憲	新東ブレーター（株）
委员	坂本勝美	（株）アーレスティ
委员	佐々木英人	リョービ（株）（事務局）
委员	白樫哲也	スズキ（株）
委员	菅沼敬順	スズキ（株）
委员	杉浦哲男	オリエンタルモーター（株）
委员	鈴木勇雄	いすゞ自動車（株）
委员	鈴木俊夫	東京大学
委员	関 章	トヨタ自動車（株）
委员	相馬信一	古河鋳造（株）
委员	高尾正則	ユシロ化学工業（株）
委员	高橋庸輔	（株）七星科学研究所
委员	竹内宏昌	東海大学
委员	田村茂樹	トヨタ自動車（株）
委员	中村元志	（株）アイシン高丘
委员	新山英輔	小山職業能力開発短期大学校
委员	福部英治	広島アルミニウム工業（株）
委员	藤野昌和	旭テック（株）
委员	藤原秀雄	花野商事（株）
委员	牧野拓司	オリエンタルモーター（株）
委员	松野慎也	（株）東京理化工業所
委员	宮原史卓	マツダ（株）
委员	村田 裕	新東工業（株）
委员	矢幡茂雄	広島アルミニウム工業（株）
委员	山中靖彦	ユシロ化学工業（株）
委员	吉川 澄	（株）デンソー